知人知面知心的行为心理学

彩云心理◎编著

国家一级出版社　中国纺织出版社　全国百佳图书出版单位

内 容 提 要

任何人都无法保守他内心的秘密。即使嘴巴保持沉默，但身体也会喋喋不休。虽然语言可以骗人，但行为却能真实反映一个人内心的真实想法。只要我们懂一点行为心理学，那么就能读懂对方身体动作背后所隐藏的含义，读懂对方的内心世界。

本书从心理学的角度，对日常生活中常见的各种行为进行了深入分析，让你在日常生活中逐渐了解自己，了解他人，在识人辨人方法的基础上，掌握为人处世的策略，收获成功人生！

图书在版编目(CIP)数据

知人知面知心的行为心理学/ 彩云心理编著.—北京:中国纺织出版社,2018.1（2021.8 重印）

ISBN 978-7-5180-4385-9

Ⅰ.①知…　Ⅱ.①彩…　Ⅲ.①行为主义—心理学—通俗读物　Ⅳ.①B84-063

中国版本图书馆 CIP 数据核字(2017)第 291064 号

责任编辑:闫　星　　特约编辑:王佳新　　责任印制:储志伟

中国纺织出版社出版发行

地址:北京市朝阳区百子湾东里 A407 号楼　邮政编码:100124

销售电话:010—67004422　传真:010—87155801

http://www.c-textilep.com

E-mail:faxing@c-textilep.com

尚艺印装有限公司印刷　各地新华书店经销

中国纺织出版社天猫旗舰店

佳兴达印刷（天津）有限公司印刷　各地新华书店经销

2018 年 1 月第 1 版　2021 年 8 月第 5 次印刷

开本:710×1000　1/16　印张:13

字数:207 千字　定价:36.80 元

序言

在这个纷繁复杂、竞争激烈的社会，人与人的相处比起任何时候都要经受更多的考验。每个人在不同的场合都在扮演着不同的角色，想要看透他人的本质、达到自己的目的并不是一件容易的事，因而能够读懂人心就显得尤为重要。一个人能够读懂人心，才能够在人际相处中占据优势位置，从而为自己的成功奠定良好的基础。

掌握读心术可以让管理者更精明，让员工更有效率，让谈判更顺利，让业绩有更大提升……其实，读人没有那么神奇。美国知名心理学家乔艾琳·狄米曲斯博士著有《Reading People》一书，其中开篇写道："我个人的经验告诉我，读人既不是科学，也不算天分。它侧重的是，知道该去看些什么、听些什么，具有好奇心及耐心去收集重要的资讯，并且从一个人的外貌、肢体语言、声音和行为上归纳出他的模式。"读心，实际上"读"的是对方的颜色、肢体语言、举手投足、爱好与品位等，当然，也包括对方的语言，正所谓"一叶知秋""言为心声"，只要我们能从细微处体味，就能找到读心的突破口。

当然，光会读心，仅仅知道别人的心思还不够，适当的时候还需要你能够运用一些巧妙的方法，让对方接受你的意见、顺着你的意思去做，让对方成为你的助手，让对手变为你的朋友，这样才能够顺利读懂人心，让人心为你所用，掌握了这样的攻心技巧，你便能够轻松地到达成功的彼岸。

所谓攻心，就是利用心理战术来不战而胜。攻心即是驾驭人的心理，从心理上使其敬畏，甚至诚服，从而达到"不战而屈人之兵"的效果。关于攻心术，《孙子兵法》里面还有这样一段话："知己知彼，百战不殆；不知彼而知己，一胜一负；不知彼不知己，每战必殆。”攻心术的运用需要根据不同场合、不同情况而定。我们不仅要有高超的技能，还要在决策前认真分析、实事求是，从本质上考察其形势，只有这样才能真正了解局势，选对攻心战术，从而用三言两语操控对方心理，并让我们成为一个读心高手。这里通过“识人相面攻心术、社交场合攻心术、拉近距离攻心术、求人办事攻心术、说服他人攻心术、化解矛盾攻心术、谈情说爱攻心术、纵横职场攻心术”等诸多方面，列举了攻心术在现实的人际关系中的应用方法，希望能借此对正为人际相处烦恼着的人有些许帮助。

本书从读心和攻心两个部分阐述了如何在世事复杂的社会中成功识人，巧妙攻心，并最终达成目的。通过本书，你能了解人们内心所隐藏的人类共性和特性。研习读心术和攻心术，不但能让你成为一个识人高手，更为重要的是，它能让你体味到运用读心术和攻心术带给你的愉悦之感，并使你的人际关系更加和谐、顺利！

编著者

2017 年 8 月

目录

contents

上篇　读心术——从表到里读懂他人

第一章　衣装品位，雅俗可知——衣着打扮显人心 …………… //3

浓妆淡抹有性格——妆容 …………… 4

小空间里大智慧——包包 …………… 6

主人心思小点缀——饰物 …………… 8

个人品位的表露——衣服 …………… 10

脚下魅力不逊色——鞋子 …………… 12

时间载体有个性——手表 …………… 14

闻香识人知性情——香水 …………… 16

展现男人的情怀——领带 …………… 18

第二章　察言观色，相由心生——面部表情察人心 …………… //21

眼睛，闪动间说出心灵之语 …………… 22

眉毛，一抬一放瞬间流露心情 …………… 24

嘴唇，一张一合间不经意的情绪表达 …………… 26

笑容，不同的种类展露不同的心理 …………… 28

表情，不同神色暗示内心的喜怒哀乐 …………… 31

第三章　举手投足，信息显露——肢体语言昭人心 …………… //35

一个手势表达出对方想说的话 …………… 36

紧握的双手透露出秘密情绪 …………… 38

十指交叉暗示对方心理波动 …… 40
具有表现力的尖塔式手势 …… 42
学会运用象征真诚的手势 …… 44
不要忽略交叉双臂的深意 …… 46
从握手方式感知对方的真性情 …… 48

第四章 站有站相，坐有坐相——姿势体态辨人心 …… //51

站姿，解析对方性格的密码 …… 52
坐姿，不经意间的动作透露其心理 …… 54
睡姿，下意识的卧姿显出真性情 …… 56
吸烟姿势透露对方个性特点 …… 58
走姿，对方性格特征的外显 …… 60
走路速度体现对方生活态度 …… 62
头部姿势所透露的心理信息 …… 64

第五章 话从口出，言为心声——言语声音阅人心 …… //67

语速、语气是内心情感的显示器 …… 68
重视闲谈，闲中方显真情 …… 70
小口头禅中透露对方真正心绪 …… 72
有心地进行对话，听出弦外之音 …… 74
从聊天习惯认识他人的特点 …… 76
幽默的方式体现对方的情操 …… 78
多角度识破他人的谎言 …… 80

第六章 以小见大，一叶知秋——生活细节读人心 …… //83

招呼的方式不单是礼仪那么简单 …… 84
从对方的爱车洞悉他的内心 …… 86
选择不同的位置，透露不同的心理 …… 88
等电梯中的动作反映人的心理 …… 90
看他对金钱的态度知其品性 …… 92
由购物习惯看清他的真实心理 …… 94

打电话时的习惯透出脾气秉性 …… 96
下意识的小动作外露出真实想法 …… 98

第七章 人生五味，食色生香——饮食偏好悟人心 …… //101
点菜的方式点出他的心理个性 …… 102
从烹调习惯解读人心 …… 104
对水果的喜好能反映人的性格特征 …… 106
融在咖啡里的内心 …… 108
酒品显示人的品位 …… 110
杯子映射出主人的性情 …… 112
由品茶的喜好品出人心 …… 114

第八章 业余爱好，脾气秉性——休闲方式观人心 …… //117
兴趣爱好，喜静还是喜动 …… 118
旅游喜欢自助还是跟团 …… 120
从喜爱的宠物看人的性格 …… 122
卧室的风格，主人的性情 …… 124
喜看什么类型的节目反映个性 …… 126
对音乐的喜好暗含着他的情感 …… 128
运动休闲，力量型还是柔韧型 …… 130
阅读什么书，体现不一样的心理特征 …… 132

下篇 攻心术——三言两语影响他人

第九章 说好沟通的话，打开对方心扉 …… //137
说话有“礼”，博得欢心 …… 138
谈及对方“在行”的话题 …… 139
与人沟通，创造好氛围很重要 …… 141
对他人的尊重是用心倾听 …… 143
创造出惺惺相惜的心理“磁场” …… 145
不要直奔主题，要学会“敲边鼓” …… 147

讲究沟通技巧,使对方说出不愿说的话 …… 149
难开口的事可搭幽默的"顺风车" …… 151

第十章　气氛轻松一些,消除对方紧张情绪 …… //153
与人交谈,请平等地坐与立 …… 154
给予肯定的目光,积极地深入人心 …… 156
心无杂念,培养愉悦情绪 …… 158
关键时刻,幽上一默舒缓情绪 …… 160
多些认可,寻找对方的闪光点 …… 162
懂得尊重,语气不要咄咄逼人 …… 163
从轻松话题入手,气氛更融洽 …… 165

第十一章　做真诚的表率,化解对方敌意 …… //169
态度谦恭一些,敌意减少一些 …… 170
给足对方面子,获得更多好感 …… 172
站到同一条船上,一切迎刃而解 …… 174
遭遇误会,亡羊补牢为时不晚 …… 176
大智若愚是智者的人生态度 …… 178
胸怀越豁达,道路越宽广 …… 180
不要妄自闯入对方的"私人花园" …… 182

第十二章　把话说到点子上,摸透对方心思 …… //185
看准他人心思提问,让他说"是" …… 186
提过分要求借以观察对方反应 …… 188
对方岔开话题其中必有蹊跷 …… 190
故意提出相反意见观察对方反应 …… 192
摸不清对方意图时,巧换话题 …… 194
利用"第三方评论"达到攻心效果 …… 196
封闭式提问能更快达到目的 …… 198

参考文献 …… //200

上篇

读心术——从表到里读懂他人

第一章

衣装品位，雅俗可知——衣着打扮显人心

读懂一个人，了解其内心世界，方法有很多，一般来讲可以按由外而内的顺序来进行。人们穿着的衣服、鞋子，佩戴的领带、手表，挎的包、用的香水以及选择的饰物都可以反映出这个人的内心特点，都是我们读懂一个人内心的良好渠道。衣装品位，雅俗显露，一个人为自己设计的外在都是按照其内心想法进行的，是内心活动的外化，这体现着人们不同的性情、心思、脾气。所以想要从外表去感知一个人的内心就要用心观察这些外在的特点，通过衣着打扮了解人心。

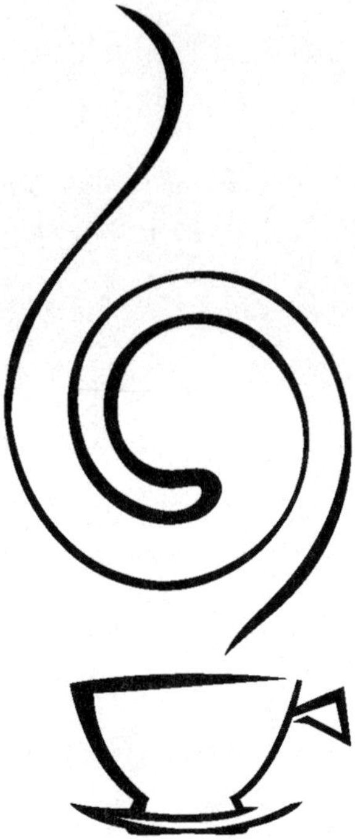

❁ 浓妆淡抹有性格——妆容

一个人的妆容对自己的形象树立很重要，尤其是女性，必要的化妆是对他人的尊敬。有的人喜欢把整个脸部覆盖一层明显的妆底，使脸部颜色发生明显的变化。例如会在眼、眉、脸颊、嘴唇等部位涂抹的色彩比较浓重，给人一种夸张的印象。这样的人在一些舞会、宴会的公共场合会显得美丽大方，反映出一个人平日非常注重自身的形象，对待事务很认真的性格。但是在日常生活中经常浓妆的人则显得很与众不同，反映出一种很注重自我感觉，很喜欢表现自己的心理。有的人喜欢薄薄地抹一层妆底，不描眉，也不画眼线，由于色彩轻淡，给人一种很自然的感觉。这种偏爱于化淡妆的人往往反映出一种不喜欢矫揉造作、青睐清新脱俗之物的性情。这种人向往自由自在，无拘无束的生活。无论是浓妆还是淡抹，都是性格使然，通过观察一个人的妆容，能很好地了解其内心世界。

著名影星范冰冰无论在什么场合都是以浓妆示人。作为内地的一线明星，她的每次出场都会引来众多的目光，这不仅是因为她自身的知名度，还有她紧跟潮流的妆容。范冰冰的浓妆是很夸张的，总能给人以强烈的视觉冲击，但是由于她天生丽质，这些浓妆丝毫不会给人以怪异的感觉，而是彰显其美丽大方。范冰冰喜欢浓妆，她的造型师也为其量身打造了许多种适合她的妆容，使其在各种场合都能成为镜头前的焦点。

范冰冰的性格很开朗，对于关于自己的负面消息也总是泰然处之，该一笑而过的就不去追究，该诉诸法律的就马上报警，敢爱敢恨的性格展露无疑。对于网络上流传的关于自己的负面消息，范冰冰则表示一般情况下，自己会觉得这只是个不喜欢自己的人搞的恶作剧，但是如果影响过于恶劣而造成了不良的社会影响，她会拿起法律的武器进行回应。范冰冰说自己有些男孩子的性格，遇到事情总是坚强和乐观，喜欢自食其力，很少去靠别人来出名。

范冰冰的浓妆给人们留下了深刻的印象。她那白嫩的脸颊，用眼线和烟熏妆效果凸显出的大大的眼睛，红润性感的嘴唇，都使人们回味悠长。这些浓妆无不展露了范冰冰率真、耿直的脾气秉性，很少拐弯抹角，该说什么就说什么。在接受记者采访时，范冰冰曾说："我是个特别男性化的人，很会照顾人。如果爱上了谁，我会很投入，会照顾另一半的饮食起居，并有很强的占有欲。如果自己的爱情不可控制，那会让我没有安全感。"

生活中，喜欢浓妆的人大多具有类似范冰冰的性格。这类人总是表现出无与伦比的自信，做自己喜欢做的事情，并希望得到别人的认可。在遇到困难时很坚韧，从不轻易认输，甚至有时会因为阻碍自己成功的事，而变得非常强悍，勇猛无比。这类人平时很喜欢表现自己，引起他人的注意。别人的赞叹会让他们的心中有一种成就感。另外，就是喜欢时尚，紧跟潮流，是时尚的先锋。他们的思想往往比较前卫，有时普通人是很难理解的。

很多明星喜欢淡妆出镜，例如，韩国著名影星宋慧乔、我国香港著名影星蔡卓妍和台湾著名演员林心如等。这些喜欢淡妆的明星往往具有清新自然的皮肤，他们恰当的淡妆会使皮肤显得薄而透明，使妆容显得非常自然。这些明星不但在妆容上有很多共同点，而且在脾气秉性上也有很多相似之处。例如，这类人平时很自信，但是这种自信不是外在的表现，而是通过一些演技展现自己的强劲实力，获得众人的认可。淡妆使人看起来很亲近自然，同样，喜欢淡妆的人性格上也很自然，尤其是交际方面，非常随和，善于与人沟通，一般都有良好的人际关系。这类人性格虽然外向，但是不喜欢张扬，给人一种坚忍不拔、一如既往的感觉，使信赖之感犹然而生。

浓妆淡抹有性格，一个人的妆容是其内心的外化，不同的妆容代表了不同的心理。所以通过观察一个人的妆容，可以了解一个人的心理、脾气、性格。要想在人际交往中看透一个人，深入了解一个人，就不要忽视对一个人妆容的观察，这是读懂其内心活动，掌握其内心秘密的重要渠道。

❊ 小空间里大智慧——包包

无论从装饰搭配的角度还是从实际用途的角度，包都是人们日常生活中不可缺少的物品。一个人用什么样的包，也反映了其内心特点。有的人喜欢背双肩包，有的人喜欢斜挎包，还有的人喜欢手提包。包的种类、颜色、款式以及包里装的东西都是了解一个人内心活动的重要信息。小空间里大智慧，在你试图了解一个人的内心时，不要忽视了其身上的、手中的包，因为这里蕴涵着重要的信息。观察一个人的包可以先看其种类，这往往能辨别一个人的身份；然后注意包的颜色，这经常反映一个人的性格特点；最后可以观察包的款式，这是发现一个人特殊爱好的重要线索。如果有机会看到包里所装的东西，那么会有更多关于此人内心秘密的信息。

包的种类、款式有很多，例如双肩背包，单肩的挎包，精巧的手提包等。不同的人会选用不同的包，这都是一个人内心活动的驱使，所以通过观察包的种类，可以搜寻其心理活动的信息。

双肩背包装的东西很多，能很好地解放人们的双手，非常便捷、实用。喜欢背双肩背包的人往往比较忙碌，所以他们很务实。双肩背包也许外观并不是非常出众，但是所起到的作用和达到的效果是非常明显的。喜欢双肩包的人大多性情温顺，情绪上很少出现剧烈的变化，比较稳重。另外，背双肩包的人大多喜欢运动和健身，一个良好的身体状况能使他们更好地完成自己所要做的事情。再有，喜欢双肩包的人对于年龄的意识很淡薄，总是保持一颗年轻的心。

手提包装的东西不是很多，大多都是些必须随身携带的物品。但是手提包的样式和质地往往是上乘的，很能体现一个人的身份和地位。所以喜欢手提包的人大多喜欢追逐成熟尊贵的感觉和一种流行的时尚。但是这种表现是很有局限的，其内心并不希望非常过火，所以很多人提包的时候故意做出让包离自己身体较远的动作，使自己看上去并不是在炫耀。

肩挎包很有型，尤其受商务人士的青睐。所以，喜欢肩挎包的人头脑一般都很清醒，知道什么样的搭配方式适合自己，懂得怎么通过包的搭配使自己与众不同。他们肩上挎的包总能和自己的衣着相得益彰。这类人有极其敏感的时尚嗅觉，能恰当地运用一些配饰满足自己的时尚需求，使自己的生活更加精致。另外，他们非常注重自己的仪表，要求他人对自己有足够的尊重。

喜欢斜挎包的人一般是典型的实用主义者。斜挎包的容积往往非常大，足够的空间可以使自己需要的东西一应俱全。而且斜挎包将挎的任务交给了肩膀，双手可以做更多的事情，提供了更多的便捷，所以更加实用。喜欢斜挎包的人在生活和工作中都很注重实用，比如结实耐用的东西和外观出众的物品摆在一起，他（她）一定会选择前者。

现如今社会快速发展，人们的生活愈加多彩，包的颜色也随之更加丰富。不同的颜色会体现出人们不同的性格，所以我们可以通过包的颜色了解一个人的性格特点。

喜欢黄色包的人，一般心态比较好，遇到急事不会轻易慌张。同时有很强的创造力，经常会给人们带来意想不到的惊喜。这类人的好奇心非常强，外界的新鲜事物总能勾起他们巨大的兴趣。喜欢黄色的人有一颗装满梦想的心，对于社会上出现的问题总是给予高度关注，而且人际关系良好，对待自己的朋友非常忠诚。

喜欢红色包的人，一般容易亢奋，他们精力十分旺盛，具有强烈的好奇心。他们对待工作很有热情，这种精神经常会感染身边的人。但是需要注意的一点是这类人缺乏耐心，一旦遇到阻碍就会生气，所以需要冷静下来调节自己的心情，避免不愉快的事情发生。

喜欢绿色包的人，一般喜欢群体活动，善于与人们建立良好的人际关系，为人处事总是非常谦和、亲切，使人愿意接近。喜欢绿色的人很乐观，有很强的上进心，从他们身上能看到希望，无论遇到什么困难，都会迎难而上，毫不退缩。

喜欢蓝色包的人，常常默默无闻，但是实力不容忽视。在危机关头，这类人总能镇定自若，悄无声息地化解危机。在遭遇他人攻击时，他们快速的反应总能使对手措手不及，令人折服。但是这类人喜欢单兵作战，所以需要在人际交往上多下工夫。

包包虽小，学问很大。在试图了解一个人的内心时，要善于发现和观察其人携带的包，通过对包的分析，洞悉其心理活动的特征，掌握其人的心理特点、思想动机。

主人心思小点缀——饰物

饰物可以装饰一个人，使一个人看上去更加有性格、时尚感、有气质，是一个人心思的小点缀。饰物的种类很多，从耳朵上的耳钉、耳坠到脖子上的项链，从手上的戒指、手镯到衣服上的胸针、胸牌等，这些都是人们经常选用的饰物。饰物一般都是很小巧的，能给一个人带来一定的装饰效果。饰物的质地、颜色、款式也都是各有特色的。不同的设计会给人带来不同的装饰效果，人们为了达到自己想要的效果都会花很多心思去精心选择自己喜欢的饰物，性格和心理特点无疑成了选择的决定性因素。因此，一个人选择的饰物是其心理活动的外在体现。所以观察一个人所佩戴的饰物，能从中发现一个人的脾气性格和心理状态。

从耳钉、耳坠的质地可以分析一个人的情感特点、性格特征。纯银耳钉、耳坠，表示性情温和，不会咄咄逼人，能容忍和理解他人。喜欢金质的耳钉、耳坠的人，很注重金钱和利益，大多是生意场上的骁将。钟情于钻石材质的人，感情非常丰富，喜欢追求浪漫。倾向于红宝石质地的人，为人热情，有很充沛的精力和很强的上进心。喜欢蓝宝石耳钉、耳坠的人，性格较为内向，喜欢在安静的环境下独自思考，有时甚至对待人或者事物很冷淡。戴绿松石材质耳钉、耳坠的人，感情上禁不起大的波澜，十分脆弱。

项链是人们装饰自己不可缺少的一种饰物，从人们对项链的精心挑选中，不难发现人们心中的秘密。佩戴钻石等高价奢华项链的人，大多自尊心很强，自己的尊严从不容许被侵犯或者贬低，对于自己的配偶和朋友也总是一副咄咄逼人的态势。戴粗条金项链的人，情绪波动比较大，遇事容易冲动。戴例如线绳等编织的简单朴素项链的人，极为自信，往往在一些领域具有一定的实力。喜欢戴造型别致的项链的人，很有个性，追逐时尚，非常喜欢表现自己，极其希望得到人们的肯定和赞赏。

戒指是传情达意的重要信物，同时更是洞察个人信息和心理的重要线索。例如，戒指戴在小指上，表示单身。戒指戴在无名指上，表示已婚或者订婚。戴在中指上，就是恋爱中。戒指戴在食指上，表示想结婚。并不是所有的人戴戒指都表示已婚或者未婚，很多人只是用戒指作为一种随意的装饰。

戴手镯的人大多数为女性，很多女性出于一种爱好或者习惯而去佩戴手镯，所以经常在不经意间体现自己的特点。喜欢戴手镯的女性不仅是爱美的女性，而且感情非常细腻，比较注重细节，尤其是一些不起眼的小事物，很容易引起她们的重视。但是选择一些由非常名贵的材质制成但是设计缺乏内涵的手镯的人，往往会有很强的虚荣心，很少去做实事，即使去做也是敷衍了事，不会全身心投入。佩戴具有特殊纪念意义的手镯的人，往往有对某人或者美好事物的依恋。

美国纽约的著名心理学家伊里尼认为，一个人佩戴的饰品不仅能体现一个人的爱好和性格，而且能反映一个人的心理活动和思维习惯。生活中，饰物的材质、颜色、款式各有不同，不同的材质、颜色、款式体现的脾气秉性、思想习惯、个人性情都不一样。饰品的种类繁多，选择的空间很大，有时让人眼花缭乱，但是这都是了解一个人内心的重要渠道。了解一个人的内心可以从观察一个人的外在开始，那么饰物无疑成了非常合适的了解中介。小小的饰物是人们心思的点缀，也在无形中将个人信息透露给了别人。所以，要想了解一个人心中的秘密，掌握其心理活动的特点，观察这个人的饰物往往能获得比较理想的答案。

❊ 个人品位的表露——衣服

衣服可以为人们遮风御寒,也可以起到装饰作用。俗话说“人靠衣装,马靠鞍”,有了衣服的装饰,人们可以具有一些自己想要具备的气质,或者使本身具有的气质得到进一步的加强。穿衣戴帽各有所好,着装之所以因人而异,就是因为人们的性情、心思、脾气各有特色,不尽相同。人们在精心用衣服装饰自身的同时,个人品位也在无意中流露。所以通过观察一个人的着装,可以洞悉一个人的品位。

走进任何一家销售服装的商场,各种不同款式、颜色、材质的衣服都会充满一个人的视界。衣服的选择空间非常大,面对琳琅满目的衣服,人们通常会左挑右选,选择符合自己要求的衣服。所以人们所选择的衣服的款式、种类能彰显一个人的个性和品位。

喜欢穿运动服的人,比较喜欢有活力的人或者物。他们非常热爱充满生命力的,能让人感到希望的社会活动或者工作。这类人往往积极向上,总是很乐观地对待眼前的困难,迎难而上。他们大多不喜欢被束缚,崇尚自由自在、无忧无虑的生活。

喜欢穿休闲服的人,品位一般都很独特。在选择一些家具时,他们总会钟情于那些能给家里带来轻松愉悦心情的家具。再比如,在挑选一些首饰时,他们总会选择那些设计巧妙材料上乘的首饰。

经常穿正装的人,多会选择高贵典雅的事物,因为这样能让他们看起来更有身份、地位。这类人往往追求完美,做事一丝不苟,率先垂范。

衣服之所以可以使人们看起来多姿多彩,很大程度上是因为现在服饰的色彩越加丰富。这丰富的色彩赋予人们优雅、活力和深沉等不同的特质。对颜色的选择源自人们不同的喜好和心理特征,同样,对衣服颜色的选择,体现了人们不同的品位。

着装上喜欢以黑色为主色调的人，比较崇尚权威，钟爱高贵典雅之物。性格上不张扬，为人处世很低调。内敛的同时又很执着，从不轻易在困难面前放弃。在工作中追求创新，从不抱残守缺。这类人很重视自己在别人心目中的地位，希望得到他人的尊重。在遇到问题时，喜欢独立思考，有明确的目标，并能为目标发奋努力，具备很强的事业心，喜欢挑战，拒绝平庸。喜欢黑色的人都有很独特的品位，尤其在公共场合，总能展现自身的沉稳、大度以及很强的专业权威。

喜欢以灰色为衣服主色调的人，比较知性，无论是生活还是工作上都非常考究，喜欢追求有品质的生活，在工作上不满足于基本的完成，而是提倡完美。尤其青睐经久不变的事物，那些朝令夕改的人和事不能引起他们的兴趣。喜欢穿灰色衣服的人在性情上趋向稳定，情绪上很少因为某些事出现大的波动。他们为人诚恳，总能给人以很强的信任感。尤其突出的特点是对衣服的质感很挑剔，喜欢高档次、高品质的衣物。这类人往往具有很浓的艺术气息，能很好地从事一些非常需要创意思想的工作。

经常穿白色衣服的人，比较喜欢纯洁的事物，特别是出淤泥而不染的人或物。这类人一般非常善良，不但给人以清新无邪的感觉，而且严于律己。他们能非常冷静地对待问题，迅速地找到问题的解决办法，让人感到安心。穿白色衣服的人能让人感到放松，容易使人接近，在交流中赢得他人的信赖。

穿蓝色衣服的人比较保守，他们将实用性看得非常重，不喜欢金玉其外败絮其中的人或物。这类人非常理性，不会因为一时的冲动而做出不可挽回的事。他们做事讲究效率，不会拖泥带水。为自己设定的目标都是非常长远的，往往拥有令人敬佩的雄心。

钟情于褐色衣服的人，多会选择优雅的装饰，使其看上去非常平和、亲切。这类人的胸襟就像大地一样广阔，在别人犯了错误的时候，能够包容，所以给人以友善、亲和的感觉。

经常穿红色衣服的人，非常热情开朗，他们崇尚具有生命力，能够体现生活中的激情的事物。这类人非常积极，总是满怀信心地应对身边发生的事，阔步昂首地向前进。红色的衣服让人显得非常抢眼，尤其是在一些公共场合，总能使人眼前一亮，给人留下深刻的印象。

衣服的选择可以体现一个人的品位，所以要想了解一个人的品位，可以通过观察其着装来获得信息，找到答案。

❊ 脚下魅力不逊色——鞋子

千里之行，始于足下。在这个过程中，鞋子是必不可少的装备。一双漂亮的鞋子可以给一个人的装扮带来亮点，可以使人足下生辉。不同的人对鞋子的要求不尽相同，人们一般都会根据自身的要求去挑选适合自己的鞋子，所以一个人脚上穿的鞋子可以反映出一个人的内心活动。鞋子的种类可谓不计其数，选择的空间非常大，所以这也给人的性情、心理、思想提供了展现的空间，不同的鞋子体现了人们各有特色的性格脾气，展现了人们脚下的不凡魅力。所以可以通过观察一个人的鞋子，来洞察其内心活动的特点，探索其内心世界。

喜欢穿运动鞋或者帆布休闲鞋的人比较喜欢无拘无束、自由自在的生活。他们会在休息的日子里约上朋友一起去野外郊游，或者到比较远的地方旅行。这类人一般都表现得非常活泼，但是内心都比较脆弱，需要别人的谅解和呵护。他们非常友善，一般都会与朋友和平共处，但是很少与朋友们分享自己内心的东西，所以人们比较难看出他们的心事。

喜欢穿皮鞋的人一般比较讲究，无论是生活中，还是工作上都表现得很斯文，尤其是出席比较正式的场合，他们都会西装革履。皮鞋的种类很多，款型也是层出不穷。

喜欢穿长尖头皮鞋的人，往往非常有个性，他们的思维总是处于一种频繁跳跃的状态，会从不同的角度思考问题，而且切入点总是不同于大多数人,所以经常会做出让人感到意外和吃惊的事情。这类人在人际交往上会表现得非常得体,使人感到容易接近和交往,但是其内心却是非常闭塞,不喜欢和外界接触的,并且往往藏着许多不为人知的秘密。他们喜欢得到他人的关心,因为这样能使他们感觉到温暖。虚荣心强是这类人的一大特点,当你直接指出其缺点时,他们一般会出现比较让人难以接受的反应,即使意识到自己的错误,也会为了维护自身的面子而不会去承认。

喜欢穿小尖头皮鞋的人,内心非常细腻,做事非常细心谨慎。无论是在生活中还是工作中,他们总是用相当高的标准来要求自己,而且对身边的人也有很高的要求。在一些有难度的问题得不到解决时,他们总能提出非常独到的观点,使人茅塞顿开。在感情上,追求完美,所以对异性的要求很高,当对方出现令自己不满意的表现时,他们不会视而不见,而是让对方按照自己的要求去改正。这类人很注重追求生活质量,尤其是在养生方面很有心得,不会为了一时的痛快而去做损害自己身体的事情。平时不会去买一些徒有其外表而不实用的东西,长久耐用的物品会得到他们的青睐。

经常穿圆头皮鞋的人,通情达理,很重情义。他们对生活的要求很简单,所以不会为了一些高得不切实际的目标去奔波忙碌,享受生活是他们的至上原则。这类人是天生的乐天派,所以困难在他们眼前根本算不上什么,他们不会因为困难而让自己的心情变得低落。也许是对生活的要求太少了,他们有时会粗心大意,例如,经常会出门时忘记带钥匙,上班时忘记上司交给的任务,走路时掉东西都没有察觉。在感情方面,他们非常坚决,敢爱敢恨,爱时主动表白,分手时从不拖泥带水。

穿高跟鞋的人,以女性居多,这类人大多给人一种成熟大方的印象。她们喜欢思考,很有头脑。她们对朋友非常坦诚,将心比心,经常在朋友困难时伸出援手,使人感到温暖。工作中的自信是他们的一大特点,这种自信不是盲目的自大,而是一种可以化作动力,催生更好的工作状态和良好成绩的力量。穿高跟鞋的人,还比较喜欢时尚,虽然不会像明星一样总是处在潮流的前线,但是也会根据时下流行的时装理念来做一些适合自己的装扮,使自己的气质更加凸显。

了解一个人的内心，不要忽视这个人的鞋子。因为人们经常会为了挑选一双适合自己的鞋子而不惜花费大量的时间和精力，所以一双鞋子所包含的意义很多，是一个人内心活动的充分体现。因此，通过分析一个人鞋子的特点来了解一个人内心活动的秘密是一种非常有效的方式。

❊时间载体有个性——手表

如今，手表的作用已经不仅局限于告知人们时间，而是越来越多地体现其装饰的作用。一只手表能体现一个人的品位、身份、地位等，所以人们在选择手表时总是更多地考虑其制作材料、设计款式、颜色搭配等。所以一个人在为自己精心挑选手表时会考虑很多方面的问题，这个过程是其心理活动的完全展现。通过观察一个人的手表，可以洞悉其内心的活动以及个性特点。

喜欢戴以银色为主色调，表盘和表带都以贵金属为主要材料的表的人，往往对事业非常专注，其强烈的事业心和宏伟远大的目标都成为他们高标准要求自己的动机。他们时刻督促着自己做好生活和工作中的每一件事，而且一如既往，勇往直前，困难只能短暂放缓他们前进的脚步，但却从未能够阻止他们前行的步伐。就是通过这样的努力，从而达到常人难以想象或者触及的目标。在做事方面，他们总是胸有成竹，信心满满，但是从未目中无人，而是给人一种非常沉稳谦虚的感觉，是典型的低调为人，高调做事。所以这类人多会博得人们的信赖，人们喜欢将一些事情放心地托付给他们去办。

钟情于深色金属表盘，刻度用点代替数字，配有深色皮质表带手表的人，一般都很注重自身的形象，这不仅是在心理上对自己的一种肯定，更是对别人的一种尊重。在人际交往中非常具有绅士风度，他们沉稳内敛、风度翩翩的形象往往会吸引很多异性的青睐。这类人多感性，情感上的细腻让人感到体贴入微，所以他们的人缘较好。在很多场合，他们总是一副温文尔雅的姿态，但是缺乏一些活力，如果多一些幽默感会让其形象更加立体，更加闪亮。

喜欢戴以金色为主色调，设计简约大方的表的人，大多倾向于两全其美。例如，事业有成的同时，家庭也要美满幸福；爱情甜蜜的同时，友情也要坚定牢固，颇有一些完美主义者的意味。俗话说"有得必有失"，要想什么都得到，难度可想而知。所以这类人对自身的要求总是非常严格，做事非常用心，无论在哪一方面都会争做最好的，因此他们在很多方面都有不俗的表现和颇丰的收获。

倾心于表盘和表带都有钻石镶嵌，比较名贵的表的人，喜欢追求时尚和高品质的生活。在能力上，他们总是高人一等。在一些突发事件的反应和处理上，他们的表现总是令人称道。在人际交往上，他们的交际水平更是高超，所以总是一些舞会、晚宴之类场合中的焦点。在生活中，无论是穿衣打扮，还是起居住行上，他们总是能引领时尚潮流。对待感情，他们有些飘忽不定，所以往往使周围的追逐者没有安全感，不知如何是好。

喜欢戴皮质表带，表盘上有多种功能显示的表的人，喜欢做自己感兴趣的事，过与世无争的生活。在事业上，很少去做一些非常稳妥有固定收入的工作，总是想尽各种办法积累资金和经验，开创一片属于自己的天地。他们一旦认定自己的目标就会一往无前，跌倒了会自己爬起来，拍拍身上的灰尘，继续前行。他们喜欢挑战，挑战会让他们感到生活更加完整，更有意义。他们非常诚实坦白，不喜欢拐弯抹角，这种坦诚也是人们愿意与其交往，使其备受欢迎的重要因素。

喜欢戴运动型表的人，一般会非常开朗。在他们的心里，阴霾都是一扫而过的，没有什么能阻止他们使自己快乐。运动型的手表会使其更具有一种活力无限的感觉，当你接近这种人时，你会自然而然地被其感染，感受到生活中的激情与快乐，工作中的兴趣与动力。他们大多有着比较独立自主的个性，不会轻易地被他人支配。在处理问题上，他们总能够随机应变。

随着商品经济的发展，手表的功能渐渐增多了，它已经不完全是一个简单的计时机器，而且还成为了一种装饰品，具有表明身份等延伸功能。各式各样的手表，从卡通型的到传统型的，在人们的身上都洋溢着不同的意味。手表在某种意义上是体现个人风格和品位的装饰品。所以想通过观察一个人的外表来了解一个人的内心，其人所佩戴的手表是一个不可漏掉的细节。

❀闻香识人知性情——香水

香水是一种混合了香精油、固定剂与酒精的液体，用来让人体拥有持久且悦人的气味。在远古时代人类就使用香料改变人体气味，以前作为上层统治者专利的香水的起源已随着岁月的流逝而被人们淡忘。如今，香水就像穿衣一样，成为人们生活、工作、休闲甚至爱情中必不可少的一部分。不但为生活增添了色彩，而且提升了自身的品位。当你接近一个人时，其身上的气味可以在你的潜意识里留下一种特别的感觉和印象。这种可以体现人们独特气息的液体，是使用者自身性情的悄然体现。所以用鼻子细心地体味一个人所用的香水，可以探寻其性情特点和内心秘密。

喜欢用以柑橘、柠檬为原料的香水的人，往往积极乐观，是天生的乐天派。他们大部分时间在笑，似乎有着没完没了的好事在等着他们。这种好心情和积极乐观的情绪使他们在各种场合都非常受欢迎，尤其是那些充满喜庆氛围的场合，他们总是能使这种氛围锦上添花。在工作中，他们经常处于领导者的地位，倾向于去告诉别人一些问题应该怎样处理，有必要时自己会做出表率。面对挑战，他们会变得兴奋，从而迎难而上，战胜困难，取得胜利。新鲜柑橘的香味具有香韵新鲜的特点，能引起愉快的心绪，同时也符合了使用者待人接物直截了当、注重效率的特点。

东方型香水主要以薄荷和麝香为原料，味道辛辣。喜欢这种香型的人，通常比较内向，很少与别人分享隐藏在自己内心的秘密。他们多数时间在和自己交流，在交际方面不会主动与别人接近，即使心中有想接近某人的想法，也会刻意地克制自己，不会轻易表露。他们倾向于宁静、和谐的生活，喜欢与世隔绝的状态，但是他们会为他人着想，在别人遇到困难时，他们不会袖手旁观。他们细腻的情感就像涓涓的溪水，既令人感到安静恬淡，又让人捉摸不透。

混合型香水由几种花香配合形成综合花香型，具有香味浓烈的特点，给人以奇妙的感觉。经常用这种香水的人，在感情上非常敏感，他们常把一些跟自己无关的事与自己联系起来，所以很多时候会使自己陷入一种莫名其妙的惆怅。他们的情绪不稳定，时而满怀激情，想做出一番惊天动地的事业；时而颓废萎靡，倦于奋斗。在遇到一些束缚时，他们会表现得非常激动，想通过一些方式挣脱约束。他们对新鲜事物非常感兴趣，其人生哲学是标新立异。

喜欢水果香型的人，容易多愁善感，但是性格偏外向。他们在遇到不高兴的事时不会自己一个人闷闷不乐，而是会找到好朋友倾诉，在朋友的开导下逐渐找回好的状态。这类人的适应能力很强，尤其是在新环境中，他们能很快适应，所以经常随遇而安，以天地为家。在时代的潮流中，他们从不甘于落在别人的后面，总是充当弄潮儿的角色，他们的口号是“潇洒走一回”。

植物香型，以野外一些清香的植物为原料，配成清香淡雅香型，给人清新愉快的感觉。经常使用这种香水的人，心态非常好，能够在不同的场合和情况调节自己的情绪和状态，使自己始终保持一颗平和的心。他们善于解决一些繁琐得让人头疼的问题，总能让人们在绝望时重新点燃希望。这类人不但对自己的要求很高，而且要求身边的人也很严格，所以非常适合做一些教育人的工作。意志坚强是他们最大的特点，他们从不向困难低头，不脱离现实地去创造美好舒适的环境。

人们之所以对不同香型香水的喜好不同，原因很多，这种对某种香味的偏爱与情绪感受、脾气秉性有密切关系。一些化妆品公司曾做过试验去检测嗅觉在心理上起的作用，例如，资生堂公司在通风管道里加入某种香料，看看能否使雇员消除疲劳，振作精神。经常使用香水的人，会自然而然和香水本身传递的气质融为一体，他们经常追求优雅、时尚、尊贵的特质。所以，人们使用香水在某种程度上是为了调节自己的状态，这都是一个人心理活动、性格特点的反映。因此，香水为人们去了解另一个人的内心提供了线索，在试图了解一个人的内心世界时，不要忘记用自己的鼻子去寻找这条用眼睛看不到的线索。

❊ 展现男人的情怀——领带

领带是男人衣领上不可缺少的装饰物，穿正规西服时，一条漂亮的领带可以给人带来一种美观大方、典雅庄重之感。最早的领带，可以追溯到古罗马帝国时期。那时的战士胸前都系着领巾，那是用来擦拭战刀的擦刀布。在战斗时把战刀往领巾上一拖，便可以随时擦掉上面的鲜血。现如今，男士在出席正式场合时已经离不开领带，这种可以凸显个人气质的装饰物在无声无息地散发着佩戴者内心的情怀。所以当你试图了解一名男士的内心时，不要忘记观察其领带上的花纹或者图案，这都是一个人内心活动的外在表现。

喜欢戴斜纹领带的人，大多喜欢挑战新鲜的事物。例如，一些喜欢挑战自己没有尝试过，或者他人不敢尝试的角色的男演员，一些敢于直面关于自己负面绯闻的男明星以及一些事业上喜欢追求卓越，勇攀高峰的男士，都往往非常钟情于斜纹的领带。他们最大的特点就是勇敢，尤其表现在面对人生路上一些充满未知因素的问题和局面时，他们总能鼓起勇气做第一个吃螃蟹的人。在感情上，他们热情奔放，在遇到自己喜欢的异性时，通常会毫不掩饰自己内心的喜爱之情而向对方表白，不管对方的反应如何，都会不遗余力地去追求。在人际交往上，他们会主动和别人交流，用自己的真诚去打动对方，所以这类人朋友很多，人脉很广泛。

经常戴方格领带的人，通常会非常热情。他们非常喜欢去帮助那些处在困难中的人，让人们心中感到温暖。所以，在生活中，他们总会与自己的左邻右舍相处得非常融洽。在工作上，他们与同事的关系也总是非常和谐。他们的热情让他们的头上总是戴着善良的光环，使人们非常愿意与其接近。这类人非常喜欢用自己的热情去感染别人，从而使人们之间的交流增多，使社会更加和谐。

喜欢戴碎花图案领带的人，一般非常体贴。生活中，他们通常会非常细心，把家人照顾得无微不至。工作时，他们会在自己喝咖啡时，顺便为隔壁的同事带上一杯浓香的咖啡，让紧张工作中的同事感到一股暖流沁人心脾。这类人对待感情非常有耐心，无论自己的另一半的性格有多任性，他们都会去包容，让其体会到爱情的甜蜜。

钟情于垂直线领带的人，往往喜欢安逸的生活。他们不会为了实现一些目标，而去过度劳累损害自己的身体。在他们看来，享受生活才是真理，所以他们很会利用闲时去做一些自己喜欢、能让自己感到舒服的事情。当这类人感到肩上的压力压得自己喘不过气时，往往会很好地调整自己的状态，让自己的心情保持平稳，当调整不成功时，便会选择逃避或者离开。

喜欢佩戴波纹线领带的人，大多非常活泼。这类人无论是生活中还是工作上，经常是非常活跃的。在一些活动中，他们总能用自己的行动去感染别人，所以他们的号召力非常强，经常能作为一名组织者，承办许多成功的活动。他们喜欢探索新鲜的事物，尤其是那些人们还不了解，或者了解得还不够深刻的事物，总能引起他们强烈的兴趣。这类人不会安于现状，总是处于一种变化的状态，不但自己变化，而且也在改变自己身边的人和事，总能做到与时俱进。

喜欢戴圆形图案的领带的人，大多非常成熟，对一些事情看得很开，分析得非常透彻。这类人的阅历一般比较丰富，做事非常讲究章法。他们已经熟稔人情世故，所以经常会在做事时非常有针对性。在面对紧急情况时，他们不会慌不择路，而是冷静中快速思考，找到问题所在，迅速解决问题。

领带虽小，学问很大。一套非常得体的西装固然可以让一个人大放异彩，但是缺乏一条合适的领带却使人黯然许多。领带的样式不同，代表的性格、心理也不一样。男士对领带的理解各有不同，但是在选择时都是出于自己的想法和性情，所以每个人对领带的喜好都是自身的心理活动、性格特点的体现。一条合适的领带可以展现一个人的情怀，是探寻其心理秘密的重要渠道，通过仔细观察，能够洞察佩戴者的心理秘密。

第二章

察言观色，相由心生——面部表情察人心

俗话说“相由心生”。从心理学的层面来说，每个人的面相都反应着其相对应的身体和心理的状态。所以在平时注意察言观色，能够洞察一个人的心理和精神状态。例如，一个神采奕奕、红光满面的人，一般都是心情舒畅，比较愉悦；一个愁眉苦脸、无精打采的人往往是心中有苦恼和不顺心的事，心情比较烦闷。一个人的眉毛在一抬一放的瞬间也都是其心理的流露。而眼睛是心灵的窗户，透过一个人的眼睛能感悟其心灵密语。一个人的嘴在一张一合间是不经意的情绪表达。下巴是丰富的信号表。总之，察言观色能够洞察一个人的内心活动，发现其内心秘密。

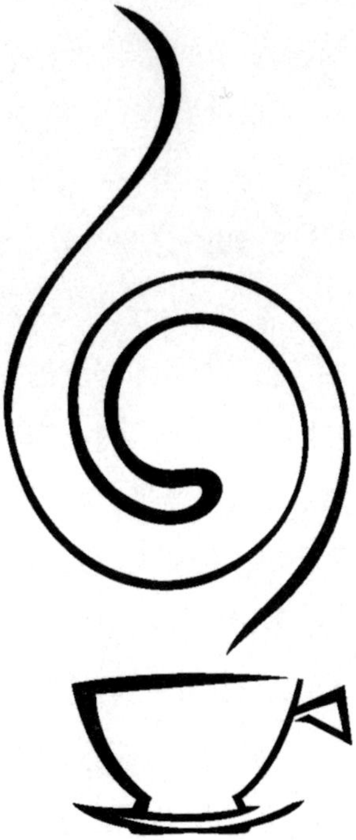

❉眼睛，闪动间说出心灵之语

俗话说“眼睛是心灵的窗户”。一个人有一对明亮黑大的眼睛能给人一种醒目的感觉，同时能散发一种灵性。眼睛不但能使人看到世间的事物，而且能传情达意，也就是人们常说的“眼睛会说话”。所以一双水汪汪亮晶晶的大眼睛不仅能吸引人，而且能表现一个人的心灵秘密。

1. 眼睛不看着对方

正常的情况下，两个人在交谈时，聆听者一般会注视着对方，以表示尊敬。当一个人在聆听对方所讲的话语时，身体的姿势没有大的变化，但是并没有注视着对方，而是将视线转移到别处，说明此人并不关心对方所说的内容，内心正在考虑一些与讲话者所谈内容毫无关联的事情。但是在谈话逐渐深入的时候，聆听者将视线转移到其他地方，但是不时地点头或者做出一些面部表情和身体姿势来表示自己的看法，说明其本性善良，能尊重别人，但是也许是阅历不够丰富或者心理素质不够，而略有羞涩。

2. 眼睛瞪着对方不放

当一个人在交谈中瞪着对方，身体显得非常僵硬时，说明其意识到自己的谎言或者罪过即将被揭穿因而做出一种看似非常镇定的姿态，借此迷惑对方并做好面对事实的心理准备，颇有种听天由命的态度。一些影视作品中经常会出现这种场景，当然这些作品将这种反应做了夸张的表现，但是却借用艺术手法将这源于生活的一幕表现得更加醒目，使人印象深刻，从而也更加说明了人们的眼睛在出现这一表现时，其内心的想法是不做解释，听天由命。

3. 眼神闪烁不定时

当一个人在与他人交谈时，眼神总是闪烁不定，说明其内心正在做复杂的活动。也许是因为正为一些事情担忧，而无心去交谈，或者不知如何去道出自己内心的担忧。也许是由于此人不够自信，对于自己说的不够确定或者不想为自己所说的承担责任。要不就是因为这个人试图说谎，想瞒天过海，心理素质又不过硬，导致内心的不安由眼睛的活动表现出来。

4. 眼睛突然放光发亮

人们在交谈时一定遇到过一种情况，那就是当一个人在仔细聆听对方讲话时，眼睛一下明亮起来，这种情况说明讲话者所说的话道出了此人的心声。例如，当一个人心里想说些什么又碍于一些因素无法表达时，恰巧对方说出了自己心里最急于表达的事情，此人的眼睛便会突然发亮。

5. 眼睛上扬

眼睛上扬的动作一般表示自己很无辜。在对方正在讲述一些事情的时候，聆听者的眼睛上扬，那么则是在向说话者表示自己真的是无罪的，是被误会的。西方人在做这个动作时，非常明显，甚至夸张。他们经常会用双手摊开、耸肩等动作来配合眼睛上扬，使他们看起来更加无辜。

6. 眼睛眨动

当一个人在讲话时眼睛总是眨动，是在表明一种不敢相信的态度。例如，人们在面对一个喜欢吹牛皮的人时，经常会对此人不断地眨眼，或者在面对一些让人们感到惊奇的事物时眨眼睛，这都反映了人们内心“简直不敢相信眼前的一切是真的”的想法。另外，当一个人眨眼的动作比较快时，则表明其正在极力抑制内心的压抑心情。

7. 挤眼睛

挤眼睛的动作会使一个人在一瞬间非常有魅力。这个动作所传达的意味包括表明和某人之间的默契、表示共同的看法以及强烈的挑逗意味。平时关系非常好的两人会在一些问题上挤眼睛，以表示“没问题”、“跟我想的一样”等意思。在对异性挤眼睛时，则表示的是一种充满魅惑意味的挑逗。

著名导演斯坦尼斯拉夫斯基要求演员在表演时把自己的动作姿势降低到最低限度。要求“几乎任何动作也没有，只有眼睛在动”。电影《克莱默夫妇》中，为争得对儿子的监护权，夫妇俩对簿公堂，当听证与辩护对克莱默夫人不利时，她抬起那双闪烁着泪花的眼睛，直勾勾地望着丈夫，眼睛里透露出处于绝望无援，渴望丈夫念夫妻恩爱之情的求助感。

此时，眼睛所传达的信息是丰富的，也许再出色的言语、动作所表现的内涵都无法和眼睛中流露的信息相比，也许正是因为眼睛传达的内容胜过动作和言语，所以艺术家们才通过眼睛来刻画人物的心理。正如爱默生所说的：“人的眼睛和舌头所说的话一样多，不需要字典，却能从眼睛的语言中了解整个世界。”

眼睛会传达主人的心思，在交谈的过程中，只要我们细心观察，就可以发现。所以，想要了解一个人，一定要注意观察他的眼部动作。

❈ 眉毛，一抬一放瞬间流露心情

在人们眼睛的上方都长有一对或浓密或稀疏的眉毛，人们常说，眼睛是心灵的窗户，那么眉毛可以称为窗帘。眉毛不仅是人们面部不可缺少的一部分，而且能通过自身的舒展、收拢、扬起、下垂等动作来表现人们内心复杂的活动。

1. 双眉上扬

当一个人双眉上扬时，通常表现出一种非常惊讶的态度或者非常欣赏的心理。例如，一名教师在提问后得到学生非常精彩又很有新意的回答时，他的眉毛会自然地向上扬。此时老师一方面因为学生的精彩回答而对学生非常欣赏，感到很欣慰；另一方面，老师对学生能给出不同于以往的答案而感到惊讶。这样的心理触动了神经，从而使其双眉自然地上扬。

2. 单眉上扬

单眉上扬表示一个人对于某事物不能够理解，有很多疑问。曾经有位心理学家做了这样一个实验：他给一名中学生一本非常有难度的书，使其在没有外界打扰的情况下去读这本书，然后心理学家和工作人员在隐蔽的地方观察其面部动作。结果，人们发现这名中学生时不时地单眉上扬，几分钟后人们去问中学生看这本书最大的感觉是什么,中学生表示这本书已经超越了自己的理解能力范围,非常有难度,最大的感觉就是存在太多疑问。由此可见,当一个人遇到自己不能够理解的问题,存在很多疑问时会单眉上扬。

3. 皱眉头

皱眉头是人们经常会出现的动作,这种动作一般会表明一个人困惑的心理或者拒绝、不赞成的态度。在各种影视剧中经常会出现这样的场景:主人公陷入了困境,点燃了一根烟,望着远方,眉头紧锁。可见这些经常关注生活,注重从生活中取材的演员们非常喜欢借用皱眉头这个动作来表现心中的忧虑、困惑。皱眉还可以代表很多种不同的心情,例如,怀疑、愤怒和恐惧等。眉头深皱的人,一般都是很忧郁的。他们的现状让自己感到不安和抑郁,非常想摆脱目前糟糕的状况,但是又受困于种种原因不能实现。1872年,达尔文从进化论的角度出发研究了表情的跨文化特性,发现面部表情在任何地方都表达着同样的情绪状态,比如,陷入忧虑时,人们通常会皱眉头。

4.眉毛迅速上下活动

眉毛迅速上下活动的人,在那一刻的心情是非常愉快的。在讨论问题时,经常会见到一些人听到某些意见时眉毛迅速上下活动。这时,他的内心对于这些意见是持赞同态度的。另外,在与非常熟悉的人接触时,人们的眉毛会迅速上下活动,这表现了人们内心对于对方的亲切之感。

5.眉毛倒竖、眉角下拉

眉毛倒竖、眉角下拉的动作,说明了一个人的心情是非常愤怒和气恼的。例如,足球比赛中,对于裁判的判决非常不满的球员会对裁判怒目而视,眉毛立刻竖了起来,球员内心的不满通过眉毛倒立的动作得到了淋漓尽致的表现。

6. 眉毛打结

当一个人两条眉毛相互趋近并呈现一上一下相互纠结的状态时,表明此人心中有着忧郁的心情和使人难以忍受的痛苦。例如,一些受病痛折磨的人,他们经常会因为疾病带来的疼痛而使眉毛呈现纠结状。

在中国文学里，有很多形容眉毛的词汇，如眉飞色舞、喜上眉梢、眉目传情等。古代也将蛾眉用作绝代佳人的代称。屈原的《离骚》中有这样的描绘“众女嫉余之蛾眉兮”，白居易的《长恨歌》中也有“宛转蛾眉马前死”等，可见眉毛是很受重视的。眉毛不仅是面部的重要组成部分，而且其一抬一放的瞬间都流露了人们的心理。

美国社会心理学家琳·克拉森被人们称为“读脸专家”。克拉森表示，眉毛最能表露一个人的心理。“如果你遇到的人将眉毛向上挑，此时不要靠他太近，可以先与他握手，让对方主动靠近你，以免让他感觉不舒服。面部的一些细微动作和表情，能够很好地显示出对方的所思所想，所以下次与人打交道时，别忘了注意他的眉毛！”克拉森说。一个人眉毛所代表的情绪变化丰富多彩，不同的动作，表示不同的心态。所以在与人交往时可以注意观察对方眉毛的动作，因为这是了解一个人的重要渠道。

嘴唇，一张一合间不经意的情绪表达

人们的脸部有一个非常重要的器官，人们吃喝、说话都离不开它，它就是嘴。嘴依附于上下颌骨及牙齿构成的半圆柱体，形体呈圆弧状，位于面部的正下方，是吞咽和说话的重要器官之一，也是构成面部美的重要因素之一。嘴是脸部所有器官中动作幅度最大的一个，所以一些夸张的表情往往都依靠嘴的动作来表现。嘴的作用是非常大的，不但有吃喝、说话两大最主要的功能，而且还有装饰作用，一张漂亮的嘴会给一个人的相貌增添一抹亮色。嘴的动作有很多种，一般都是由不同情绪的驱使而表现出来的，所以了解一个人的情绪可以对其嘴部动作进行观察。

1. 嘴唇绷紧，抿嘴

一些人经常会出现将嘴唇绷得很紧的动作，这种动作一般传达的信息是自己不希望受到别人的干扰，尤其是情感上的影响。另外，当一个人悲伤时，也会将嘴唇绷得很紧，所以，绷紧嘴唇的动作包含着悲伤的情绪。在某些非常关键的时刻，人们会将嘴抿起来，这时人们的心理活动通常是对某些问题有了自己的想法，已经做了决定，下定了决心。这种人有很强的毅力，他们认定了一个目标就会付出自己的最大努力去实现，不达目的誓不罢休。小孩子在抿嘴时的心理与成年人有所不同，当一个孩子用力抿嘴时，表现的心理是很不耐烦，这样的孩子耐心很差，经常会因为一些小事发脾气，需要正确的引导。

2. 舔嘴唇

有人在说话时，不时地舔嘴唇，这时表现出的心理是内心充满了紧张或者兴奋，但是此人并不想让别人发现自己的内心感受而刻意地压制自己，从而通过舔舔嘴唇的动作将这种情绪流露出来。这种人的性格特点是喜欢掩饰自己内心的感受，不会经常与别人分享自己内心的秘密，除非是自己的挚友。所以他们经常会因为能保守秘密而值得信赖。

3. 咬嘴唇

在与人交谈时咬嘴唇，表现出的心理是意识到了自己的错误，并在做自我检讨。这种人比较注重自己的尊严，一般会碍于自己的颜面不会口头上承认自己的错误之处，而是选择恰当的时机表示自己的歉意或者悔过之意，所以在自己的问题被揭露出来的时候，他们会用咬嘴唇的动作来表现自我谴责，自我解嘲以及掩饰自己内心的不安。

4. 撅嘴

当一个人在聆听别人讲话时撅起了自己的嘴，表示其对对方所说的话持怀疑态度，也或者是一种亲昵、撒娇的表现，要视情况而定。如果一个人在撅嘴的同时有皱眉动作的配合，那么很可能是对于自己接收到的信息持怀疑的态度，希望能够得到纠正的表现。如果一个人在撅嘴的同时面带笑容则表示在向对方表示亲昵，或者撒娇。

5. 手掩住嘴

在交流的过程中，有的人会用手掩自己的嘴，这样的动作表明其当时很害羞，不想将自己过多地展现在别人面前。这样的人性格一般比较内向，不善言谈,思想很保守,对于新鲜的事物总是事先观察很长时间才肯去接触,而且这个过程会非常注意别人的看法,一旦有人对其进行否定,便会立刻收手,变回原样。用手掩嘴的动作还有意识到自己做错了事情而后悔,同时加以掩饰的意味。

6. 手捂住嘴

用手捂嘴的动作往往表明一个人试图掩饰自己的心理,或是因为看到了令自己感到惊奇的事物以及受到了惊吓,这种行为在不同的场合表示着不同的意义。达尔文曾说道:“以手掩嘴是一种吃惊的姿势。有时一个人对他所说出的话感到抱歉或吃惊时会这么做。这动作好像是希望能制止我们所说的话,虽然这话已脱口而出了。”许多孩子的父母会发现自己孩子在说谎时会不自觉地用手去捂嘴。审讯嫌疑人的执法人员非常注意用手捂嘴的动作,因为这通常是嫌疑人的心理破绽,是审讯的突破口。

7. 嘴唇的两端拉向后方

当一个人在倾听对方的讲话时将嘴唇的两端拉向后方,说明其正在非常认真地聆听,非常关心对方所讲的内容或者对这些内容非常感兴趣。这样的人非常注意尊重别人,非常懂得礼貌,往往能博得朋友、同事及上司的钟爱。

在交往中,尤其是通过口头语言交流的时候,嘴部动作是最丰富多样的。人们嘴部做出的动作都与说话人的心理活动有着密切的联系,一张一合都是情绪不经意的表达,所以了解一个人,不要忘记观察其嘴部的动作。

笑容,不同的种类展露不同的心理

当人们心情愉快时,面部会很自然地出现笑容。俗话说“笑一笑,十年少”,笑不仅能使人心情愉快,而且有利于身体健康。医学家们发现,许多长寿的人都有一个共同之处,那就是喜欢笑。笑的种类有很多,例如,腼腆的微笑、豪放的仰天大笑，以及普通的快乐欢笑等，这些不同的笑容体现了人们不同的性格。笑是人们感情的流露，所以通过观察一个人的笑，可以了解此人此时此刻的心理。

1. 自然的笑

自然的笑是最优美的，因为它是发自内心的，是真实情感由内而外地体现，所以感染力也最强。经常自然地微笑的人性格开朗，经常和别人进行交流，从中发现自身的不足和能够发挥的优势，从而在各种场合将自己最好的一面展现给众人，所以这种人给人的印象都非常得体。又因为他们的微笑非常具有感染力，能够使周围的人在不知不觉中微笑，所以给人的感觉非常亲切。在社交中，他们喜欢快人快语，尤其是对自己好朋友的错误，更是直言不讳，所以经常会被人们视为难得的挚友。

2. 哄堂大笑

哄堂大笑是较大幅度的笑，喜欢这种笑法的人性格非常豪放。他们喜欢和朋友们在一起高谈阔论，在遇到与自己惺惺相惜的难得之友时，他们会非常热情，例如，请客吃饭很少考虑金钱，饭桌上风格非常豪放，颇有“大口喝酒，大碗吃肉”的仗势。这种人非常懂得生财之道，所以能够通过自身的努力获得丰厚的回报，迅速积聚财富。然而，他们经常视金钱如粪土，认为金钱只是一种工具，必要时可以“挥金如土”。这种人的生活压力比较小，在遇到不如意的事情时，经过朋友的开导或者自我的心理调节之后，放出几声豪迈的大笑，内心的压力立即无影无踪，其实这样的做法很有利于身体的健康，是摆脱烦恼，放松心情的良方。有的人大笑并不是发自内心的，这种人笑起来虽然声音很大，但是非常不自然。这种人往往自信不足，又不想让别人发现自己糟糕的状况，所以借用大笑来掩饰内心的自卑或者不安。

3. 嫣然一笑

这种笑多出现在女性的脸上，尤其是她们在面对自己喜欢的人时，总是含情脉脉地嫣然一笑。这种笑所表现的心理是非常羞涩含蓄，想对对方表达自己的爱慕之情，又没有足够的勇气，同时又期望对方能发现自己的心意，并能给自己以积极的回应。这种人在得到对方积极的回应时，会非常高兴,有时甚至会以手舞足蹈的方式来表现自己内心的兴奋。能在异性面前嫣然一笑的女性可以在生活中扮演多种角色,例如对工作,她们总是充满激情,力争上游,获得上司的夸奖和同事的认同;对待家庭,她们温柔贤惠,对家人的照顾细致入微,让整个家庭充满着温馨的氛围。

4. 抿嘴笑

喜欢抿嘴笑的人内心总是伴有一种优越感。抿嘴笑的人内心的变化很微妙,例如,工作中领导提出了一些要求令同事感到非常为难,而自己正好能非常好地做到,此时,这种人往往会露出抿嘴的微笑。这种人的心理是很照顾别人的心情,尤其是在自己得到他人没有得到的实惠时,为了不刺激别人,同时也享受一下内心的优越,而自然地抿嘴微笑。这种人很保守,做事总是非常谨慎,能对他人经常忽略的细微之处引起足够的重视,从细节上抢得先机,取得胜利。抿嘴笑有时会有轻佻的一面,这种效果更多地体现在女性的面部,这种只可意会不能言传的笑使人见一面就久久难以忘记。

5. 冷笑

冷笑所传达的信息非常冷峻,有时让人难以接受。经常冷笑的人非常有性格,甚至有些孤傲。他们在别人出错时不会去鼓励,而是非常冷酷地给予带有讥讽意义的冷笑以示蔑视。当自己掌握主动权或者处于优势地位时,他们会用冷笑以表示自己的无人能敌,不可一世,给人心理上以巨大的压迫感。

笑是人们面部经常出现的表情之一,也是人们纷繁复杂情绪中的一种。自然的笑让人们感到舒服,做作的笑让人感到尴尬。笑的种类不同,所流露的个人情感就不同,表现的个人性格就有差异。所以想通过观察一个人的笑来了解一个人内心的秘密时,不要忽视对方的脸上出现的是哪种笑。

❁ 表情，不同神色暗示内心的喜怒哀乐

了解一个人的内心可以通过观察一个人的面部表情来实现，这是因为人们内心的情绪和心理活动会通过面部的表情表现出来。所以表情丰富、喜怒形于色的人，给人们了解的机会会更多。人们的表情有很多种，例如哭、笑、怒、哀等。以下是对这些表情的心理分析。

1. 笑

心理学家们发现笑是人类与他人交流的最古老的方式之一，人类的笑或是为了和别人团结一致或是嘲笑别人，亦或是用笑来调情。喜欢发自内心地笑的人，性格比较开朗，凡事看得非常开，不会因为小事而斤斤计较，喜欢将“得饶人处且饶人”作为自己的人生信条。他们的心态非常好，对待一些敏感的问题能够撇开个人情感客观地进行评判，所以做事方式比较令人信服。他们的笑往往是一种自信的流露，这种自信使得他们在生活中、工作中都成为了焦点。在生活中，他们喜欢与朋友们交流，并且是朋友们尊重的对象；在工作上，他们的奉献精神给同事和领导留下了深刻的印象。喜欢笑的人不会为了一些不切实际的目标而让自己陷入无尽的痛苦，他们会为了快乐而活，不会因为别人的看法而改变自己。

2. 哭

哭是人类生理情绪和情感的一种发泄，每个人在降生到这个世上的那一刻都是以哭来宣告自己的到来的。在这之后，哭通常是由于悲伤、恐惧或者委屈而引发的生理表现，有的会表现为哽咽，有的表现为抽泣，还有的表现为痛哭。借助哭可以宣泄心中消极的感情，哭过后获得轻松的自我。

经常哭的人神经比较脆弱，心理承受能力相对较低。这种人一般具有比较细腻的情感，为人处世都非常谨慎，喜欢追求完美。他们通常怀有一颗

充满远大理想以及美好幻想的心,会为了既定的目标努力前行,在遭遇挫折时,较差的心理素质会让他们感觉到无比的沮丧,在经过较长时间的调整后才能恢复。他们的幻想虽然脱离实际,但是往往具有一定的根据和很强的现实意义。这种人的情感非常丰富,非常适合从事演艺事业。

3. 怒

愤怒是一种较为强烈的情绪,在面部通常表现为眉毛倒竖,二目圆睁,鼻孔放大,嘴巴紧闭等。这种表情一般表现出的是一种内心非常压抑、激动和不满的情绪。

容易愤怒的人性格比较暴躁,自控能力较差,往往一些鸡毛蒜皮的小事就能点燃他们的怒火,可谓"点火就着"。这种人比较偏激,往往对方的意见和自己的相反或者对方无视自己的存在,对自己不够尊重时,他们通常会非常激动,不是以牙还牙,就是大打出手。由于不能很好地管理自己的情绪,他们经常会不考虑场合和对象发泄心中的愤怒,因此很多时候惹火上身,给自己找来很多不必要的麻烦。心理学家指出,一些不能控制自己愤怒的人,往往是由于在童年时期心理受过创伤,例如,父母对其进行过多的惩罚,老师对其有过过于严厉的责备等。由于这些给他们带来的心理阴影没有得到及时的治愈,埋下了易怒的种子,随着时间的推移愈演愈烈。

4. 哀

哀,有悲痛悼念之意。这种情绪表现在面部就是眉毛、眼睛、嘴角分别向两边倾斜下垂。从心理学上讲,哀就是人们在经历了心理创伤后出现的一种抑郁情绪。例如,自己的至亲去世了,那么对于一个人的打击是不言而喻的,这容易使人陷入无尽的悲痛中无法自拔;再比如,一个人考学失利,又很难找到工作,经受这样的双重打击后,变得抑郁寡欢。

经常会哀伤的人,心中往往有着很大却难以释放的压力,那些令其痛苦的事会在脑海里像电影放映一样,一遍一遍地重复播放。此时,他们的心门已被关闭,看不到生活的希望,所以会很悲观,不敢面对现实,变得毫无生气。这需要经过合理的调理才能恢复。

美国社会心理学家琳·克拉森被人们称为"读脸专家",她致力于研究面部表情和性格的内在关联。通过长期的考察和大量的实验，她发现人们很难隐藏或者改变面部的细微变化，而这些难以发现的变化最能透露一个人内心的秘密。所以当你试图通过观察来了解一个人的内在时，不要忘记观察其面部的表情以及一些细微的面部变化，这都是获得重要信息的有效渠道。

第三章

举手投足，信息显露——肢体语言昭人心

人们在做一些动作时，通常是完成大脑发出的相关指令，这个过程除了要用做出的动作完成一些特定的“任务”外，还表现出了人们内心活动的秘密，所以人们举手投足间，一些有关心理活动的隐性信息已经显露。就拿人们平时的手势来说，双手紧握所表现的情感，十指交叉蕴含的意味，独树一帜的尖塔手势暗含的心理等，都是可以通过对手势的仔细观察发现的。所以想了解一个人的心理特点，不要忽视对方的手势。除了手势，人们的外在形体也是性格的体现，正所谓“肢体语言昭人心”。

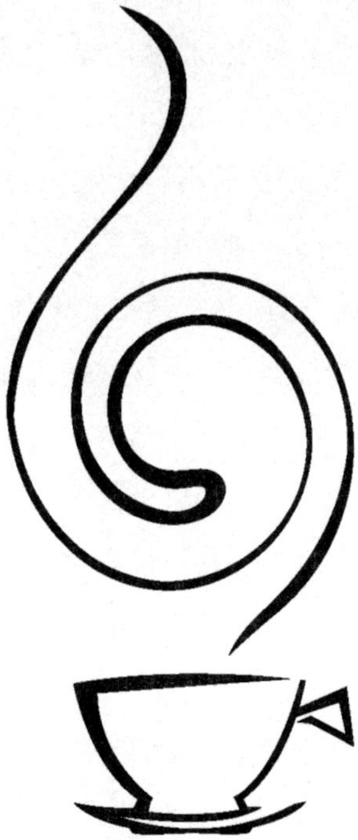

❊ 一个手势表达出对方想说的话

手势是人们借以传达信息的方式,和语言的作用如出一辙。当人们在不适宜说话时,可以用手势传达信息。在一些比赛中,裁判不会大声叫喊,而是用手势来做出判决。在一些军事行动中,大声呼喊可能会暴露自己,使自己处在危险中,这种状况下手势协调作战成了不二的选择。聋哑人由于不能用语言交流,所以手势起到了至关重要的作用。手势是人类用语言中枢建立起来的一套特定的语言系统,在传达信息方面起到了很重要的作用,也是人们借以观察从而了解别人内心秘密的重要渠道。以下是针对几种不同的手势做出的分析。

1. 大拇指竖起,其他手指紧握

这个竖大拇指的动作非常常见,大家也非常熟悉,它所传达的意思就是一个人对于某个人说的话或者做的事表示赞赏和夸奖。例如,在足球比赛中,球员做出一个漂亮的传球或者射门,教练就会拍拍手然后其中一只手做出竖大拇指的手势以示肯定和赞赏。另外,这种手势还能表示一种自我状态良好,给自己信心也给别人确定的意思。例如,在航空母舰上准备起飞的飞行员会向甲板上的工作人员竖大拇指表示自己已经准备好,可以起飞了。

2. V 字手势

这个手势也是非常多见的,人们会在多种场合用这种手势,它所表达的意思是胜利和快乐。这个手势国际上比较通用,它源自英国,是英语 Victory 的首字母 V 的替代。

"二战"期间的英国首相丘吉尔十分喜爱打这种手势。据说有一次,他在地下掩蔽部内举行记者招待会时,地面上突然警报声大作,丘吉尔闻声举起右手,将食指和中指同时按住作战地图上的两个德国城市大声地对与会记者说:“请相信,我们会反击的。”这时,一名记者发问:“首相先生,有把握吗?”丘吉尔转过身,将按在地图上的两指指向天花板,情绪激动地大声回答:“一定胜利!”丘吉尔这一镇定威严的举止,刊登在了第二天出版的各大报纸上。从此,这一手势便在世界迅速流行开来。

如今,这个手势应经成为世界用语,但是在一些国家用时要谨慎,例如,在希腊,用此手势时需要把手指背向对方,不然则表示辱骂和蔑视的意思。

3. OK 手势

对于这个手势,每个人都不陌生。当人们做出 OK 手势时,大多表示没有问题,已经准备好了,或者非常不错的意思。美国人在用这个表示 OK 的手势时。法国人用这个手势表示某些事没有价值,不值一提。日本人用这个手势的意思是“钱”。需要注意的是在东欧、德国以及巴西这个手势象征人身体上比较隐蔽的孔,所以这时不要轻易使用这个手势。

4. 耸肩

耸肩的动作在一些影视作品中非常常见,尤其是美国人,非常喜欢用这个动作来表示自己对某事无能为力,感觉很无奈。例如,一个人向别人求助,而对方也不能帮上什么忙时,对方会耸起双肩,把头一缩,两手摊开,来表达自己不能提供相应的帮助的意思。有心理学家指出这个动作非常像海龟将头缩进龟壳的场景,而且人类耸肩和海龟缩头的意义是相近的,都是表达一种没有办法的意思。美国人在用这一动作时喜欢配合丰富生动的面部表情,例如将眼睛睁得很大,嘴角向两边撇等,使得这一动作更加生动传神。

5. 暂停手势

有时人们会将右手平放在身前,左手伸出食指并用指尖顶住右手手心,做出一个字母“T”的形状,这个手势表示的意思是“停”。有的人喜欢将两个手的动作颠倒,意思都是一样的。例如,在不适宜说话的场合想制止某些行为时就可以用暂停的手势进行示意。

手势的运用在世界范围内不尽相同。以欧洲为例,南欧地区的国家非常喜欢用手势表达自己的意思,甚至到了非常夸张的程度。西欧国家比南欧运用的频繁程度低。北欧则更少,几乎不会使用什么手势。合适的手势运用不但能带来便捷，而且能很好地传达一个人的内心想法，从而给人们提供了了解他人内心的有效渠道。

紧握的双手透露出秘密情绪

我们经常可以见到人们将自己两只手的手心朝里，手背朝外地叠在一起，然后紧紧握在一起，或者是两只手的手心相对然后紧握在一起。这时人们内心的感受一般为焦虑和不安，或者是高度紧张和兴奋。另外还有人将手分别紧握，攥成拳头。其反映出的心理都是相似的。

科学家指出，人们手部的27块骨头和手腕处的8块骨头通过韧带结构连接在一起，其活动都是通过肌肉的拉伸完成的。人类的大脑发出指令，并通过神经传送到相关部位，使收到指令的部位做出相应的动作。所以人们手部的动作往往就是人们内心活动状况的真实反映。比如当一个人试图压抑和掩饰自己内心的感受时，往往会不自觉地做出这种举动，但殊不知在无形中已经泄露了自己内心的秘密。

1. 双手紧握，手肘支撑在桌子上

曾经有一次商业谈判，在谈判快接近尾声的时候，失掉优势一方的谈判代表意识到自己已经无力回天而面色苍白。渐渐地这名代表将双手紧紧地握在了一起，手肘支撑在谈判桌上，也许是用力过大，手指被挤压得泛白了。这名代表此时此刻的心情正是在为自己的失利感到懊悔，同时又充满着极大的担忧。这种焦虑、失落的复杂心态促使其双手不自觉地紧握，仿佛被焊接在了一起。

谈判专家尼伦伯格与卡莱罗曾经针对这一动作开展过专项研究。其结果显示，如果有人在谈判中不自觉地将双手紧握并将手肘撑在桌子上，表示此人感觉自己的话在谈判桌上的力量开始减弱，局势的发展越来越超出自己的掌控能力，一种焦急和无奈的心态开始占据他的意识。但是这并不能代表所有做出这种动作的人的心理。例如，如果一个人在做出这种动作时面带微笑，那么此人并不是心中充满挫败感，恰恰相反，此人胸有成竹，非常有信心，试图大干一场。

2. 紧握双手举至脸部及以上

如果一个人紧握双手并举置脸部，或者举得更高，表明其心理挫败感很强。如果将双手紧握并举到了头部以上，即使此人面带微笑，其心中的挫败感和无奈也是难以掩饰的。这样的人往往信心不足，面对事情时很悲观，总是觉得自己不行。这种人由于心理素质较差，遭遇挫折时经常非常消沉，再加上他们不愿让别人看到自己失败的一面，从而很少与他人交流，别人想接近也非常难，致使他们孤立无援，甚至会出现一蹶不振的现象。

3. 双手紧握并摩擦

人们在握紧双手并不断摩擦时表现出的心情是激动的，这时人们通常是找到了自己表现的机会，准备施展自身的才华。这种动作类似摩拳擦掌，往往体现人们对某种事物的热切期待。例如，有的足球运动员站在罚点球的位置上就会做出这种动作，表示自己已经准备好，并且有足够的信心将球罚进。再比如，一个人在过生日时收到了自己心爱的人的礼物，在准备拆开包装的瞬间，会做出双手紧握并摩擦的动作，暗示了其心中的欣喜和激动。摩擦的快慢则表现了心情的急切程度，越快表明自己的热切程度越高，愈加迫不及待。

心理学家通过研究发现，人们在紧握双手时双手位置的高低与人们的失落感强烈程度有非常密切的联系。双手的位置越高，则表示其心理挫败感越强烈，其与人交流的欲望越弱，使人难以接近，进一步的沟通会受到阻碍。相比较而言，当其将双手的位置放在较低的位置时，虽然也有焦虑的心情，但是还是比较容易沟通的，能够通过沟通中的协调解决心理问题。

在世界上，很多国家将手部的动作视为一种隐性的信息传递方式，在很多场合人们会用手部的动作向聆听自己讲话的人发送一种信息，从而帮助自己转变角色，或者为自己所讲话题的转换做铺垫。在意大利，人们使用手势进行交流非常频繁，他们在运用手势时的动作幅度非常大，甚至夸张。法国人不但善于运用手势，而且配合他们丰富的表情，使得他们在运用手势时更加传神。可见人们在运用手势时所传达的信息是明确的、丰富的，所以在一个人双手紧握时，不要忘记其蕴涵的信息内容和心理意义。

十指交叉暗示对方心理波动

我们经常会看到人们出现十指交叉的动作，这种动作通常传达的信息是此人在思考，或者感到很烦躁，再或者是很消极。人们在做这个动作时会有不同的表现，有的人会将十指交叉的双手自然放于身体和胸腹部之间或者面部附近，有的人会十指交叉，一手拇指向上伸直；还有的人十指交叉，其中一只手的手指摩擦另一只手。这些动作都是十指交叉，但是所表达的信息却是有区别的，所以当一个人做出这些动作时，其所暗示的内容要通过对具体情况的观察来判断。

1.十指交叉，放于胸腹部之间

习惯将十指交叉的手放在身体的胸部和腹部之间的人心情比较低落，这时他们还会把自己孤立起来，不喜欢和别人交流，所以此时人们想与其进行沟通是非常困难的。这种人对自身的要求比较高，但是心理素质又不过硬，所以经常会遭遇挫折，并在经历了失败后会产生严重的挫败感，甚至会对失败感到恐惧。所以当你试图和这种人交流时一定要注意在心理上进行引导，可以给其一杯咖啡使其将交叉的十指分开，然后说一些能暖心的话，逐渐消除其内心的排斥感，从而为你们的进一步交流做铺垫。

2. 十指交叉放于大腿，两拇指尖相顶

出现这种手势的人内心正在纠结。

曾有一个人非常优秀的人，他的上司从把他招进公司的那一天就非常器重他，有什么好处都会第一个考虑他，公司里的各种奖都被他拿过了，所以他一直在加倍努力地工作以回报上司的恩情。结果，他被另一家公司看中了，并得到了那家公司高薪的许诺。如果走，心里感觉非常对不起悉心培养自己的上司，如果不走，就不能得到有更高薪水的工作。是走还是留，他坐在那里，将交叉的十指放在大腿上，两个拇指尖紧紧地顶在一起思考着。

这个人因为一个左右为难的选择而犯愁，于是做出了一个十指交叉放于大腿，拇指相顶的动作。这时他的心情是矛盾的，因为他的处境使自己进退两难，不知如何是好。做出这种动作的人往往喜欢做容易选择的事，在选择上出现问题时，他们会权衡利弊，做出使自己能取得最大利益的选择。然而，也有人会出于一种特殊的情感而放弃有利于自己的机会。

3. 十指交叉，一手拇指向上伸直

这个动作很特别，它与发愁、挫败感、纠结都没有关系，而是表示非常有自信。喜欢做这个手势的人往往非常有实力，他们经常会将事情做得非常完美，让人赏心悦目。他们总是一副胸有成竹的姿态，但是并不狂傲，这使得他们具有一种很强的气势，让对手们感到拘谨，甚至是胆寒。另外，他们喜欢做自己有把握的事，这样一来，成功的概率就大为提高了，成功会给予他们更多的经验和自信，从而形成一个良性循环。这个动作还可以表现为两个拇指都竖起来，但是不互相顶在一起。

4. 十指交叉，一手拇指摩擦另一手

十指交叉并用其中一只手的拇指摩擦另一只手，这种动作暗示的信息是此人内心很焦虑，比较复杂。例如，一个人在撒谎后会做出此种动作，一些刚刚从危险中逃脱，惊魂未定的人也会这样做。心理学上将这种行为解释为对自身的安慰，因为这种自我按摩会产生一种抚慰大脑的功效。

5. 十指交叉，置于面部

在遇到有人十指交叉并用双肘撑起，使交叉的双手被置于脸前时，要引起注意了，如果你在滔滔不绝地讲话，那么就赶紧停止你热情洋溢的演讲，因为对方这个动作所传达的是反感的意思。当人们对于一些事物感到厌烦或者不信任时会不自觉地将手十指交叉置于脸部高度，此时人们内心的感受是非常消极的，具有敌对意味的。

在日常的人际交往当中，经常可以见到人们将双手的十指交叉，并放在自己的前面，脸上的表情也非常具有亲和力，给人的感觉是在非常得体地与人进行交流，然而实际上却并非如此。心理学家尼伦伯格和卡莱罗对十指交叉手势研究后得出结论：这是一种表示心理不安的手势，表明在掩饰消极态度。所以在遇到人们做出十指交叉的动作时，不要忘记其中暗示的信息，以做出正确的判断，避免不必要的麻烦。

具有表现力的尖塔式手势

尖塔式手势是一种在外形上非常特别的手势，通常是由两个张开并相对的手掌和十个分别顶在一起的手指构成，在外形上非常像一个矗立的尖塔。这种手势所传达的信息是信心十足。在很多影视剧中，都会出现尖塔手势，特别是那些上司和下属交谈的过程中，或者是商业谈判的谈判桌上，再或者是一些学术的研讨会上。这种手势的表现力非常强，所以很多导演非常喜欢将这一来源于生活中的，非常有张力的动作搬到荧幕之上。

曾经有一个著名的国际象棋选手在一次比赛中有过一次精彩的表演。这名选手正在认真地思考，并将手慢慢放到其中的一枚棋子上准备走出设想的一步，然而这时他的对手将双手放到了一起，搭起了一个尖塔式的手势，并将手肘放在双腿上支撑着。细心的棋手观察到了对手这个不经意的举动，于是他在拿起那枚棋子之前又将手缩了回去，并选择了另一枚棋子。这时，对手的姿势又发生了变化，他慢慢地拆掉了手中的尖塔，而做出了十指交叉并将下巴放到上面的动作。棋手再次发觉了这个细微的动作，于是没有再次犹豫，坚定地走了这步好棋，也为其取得最终的胜利做了重要的铺垫。

对手在比赛的过程中虽然没有发出任何声音，没有讲半句话，但是其不经意的动作却暴露了其内心的秘密。当对手做出尖塔式手势的时候，棋手意识到对手心里已经有了胜算，自己的这步棋会给对手创造机会，于是他改变了策略。这名棋手由于善于观察,因而获取了优势。

著名喜剧明星周星驰主演的电影《赌圣》中,有一个片段非常传神地表现了尖塔手势的威慑力。片中周星驰饰演的赌圣在赌神大赛中与对手的对决进入了白热化阶段。此时,对手的牌面非常有优势,而周星驰这边的牌面则非常差劲。到了最后揭底牌的时候,周星驰忽然将手中的筹码全部押上,然后把身子向后一靠,双手做出尖塔式手势,并悠闲地看着对方。见此状,之前一副胜券在握姿态的对手开始犹豫了,由于其内心过多的猜疑和担忧,逐渐乱了阵脚,并导致了最终的失败。

电影中的这一动作来源于生活,导演之所以会选择这个动作,是因为在现实生活中,尖塔手势给人一种很有气势的感觉和一种成竹在胸的风范。当你和做出此种手势的人处在同一战线上时,你会得到无比巨大的鼓舞,而当你处在其对立面上时,则会面对强大的心理威慑。所以一个心理素质不好的人在一些类似竞赛、谈判的场合中遇到对方的这种手势时,难免会慌神。

在上级与自己的下属谈话时也会经常用到尖塔形的手势。这是因为这种手势给人一种非常具有驾驭能力的感觉,而且会产生一种提示性的信息,提醒下属要注意自己的身份,不要做出不合规矩的行为,要听从上级的命令。尤其是当上司对下属的某些缺点或者错误给予指出和纠正时,经常会边说边做出尖塔式手势,这时手势传达的信息是上司非常重视这些问题,希望这些问题能得到较好的改正,并在今后的工作当中不再出现。据相关统计资料显示,从事会计、律师以及管理者工作的人对这一手势情有独钟。他们内心的想法多是想通过自己的话语说服别人,得到他人的认同,赢得人们的尊重。

尖塔手势大体可以分为两种,一种是举起来的尖塔;另一种则是放下的尖塔。这两种的区别在于诉说和聆听。当一个人想将自己的观点表达出来,并希望为人们所接受时,他会选择举起来。而当一个人在认真地聆听对方讲话时,则会将高耸的尖塔放下来。一些谦虚谨慎的人通常会选择将高耸的尖塔放到低处,以避免使自己看上去非常傲慢和高调。而一些非常喜欢彰显自己的人则喜欢将尖塔举得很高，非常显眼，给人一种毋庸置疑的气势。

人们的双手处在身体的前面，是最容易观察的对象，再加上手势所蕴涵的意义非常丰富，因此，当你试图通过观察来了解一个人的内心活动时，不要忘记观察其手势的形态，进行有针对性的行动，从而达到比较理想的效果。

学会运用象征真诚的手势

在人们的众多手势中，有一种手势非常有特点，这种手势通常是将一只手放在胸前，捂着胸口说话或者示意，这种动作表达的是非常真诚的意思。学会运用这个象征真诚的手势，对于人们的交流是非常有益的，因为当人们用一颗真诚的心去对待别人时，通常都会打动对方，使其内心因为陌生而产生的无形隔膜逐渐消融，促进进一步的沟通。所以当你看到一个人在使用这种手势时，不要忽视了那颗真诚的心。

表示真诚的手势除了将单手放在胸前外，还有用双手捧胸以及将双手摊开等。这些手势都在不同程度上表现了其真诚之心，下面就针对这三种情况进行逐一分析。

1. 单手放在胸前

单手放在胸前的动作非常绅士，这个动作被很多阿拉伯国家和西欧国家采用，尤其是在配上身体微微前倾的动作时，显得风度非凡，非常得体。在很多社交场合，当一个男性遇到一个女性并准备和其进行交流时，可以用这个动作再加上一句“见到您，我感到非常荣幸”。大多时候对方会被这种友善、礼貌并且非常真诚的开场白所感染，从而愿意进行交流，甚至可以使并不想交流的人敞开心扉，说出自己心中的话。

很多时候，人们并不是没有努力地和别人沟通，而是忽略了细节。当一个人关注到这些细节并从这些细致入微的问题下手时，他的改变将是巨大的。当然，当你试图试探一个人的话是不是可信，是不是发自内心的时候，不要忘记观察这个人手部的一些特殊动作。

2. 双手捧胸

双手捧胸的动作非常明显，因为这个动作幅度很大，显得很夸张，这个动作所表现的真诚程度较之前者要更深。这个动作能非常深刻地刻画一个人的形象，因为它让一个人看上去非常像是在说"我说的都是真的，我愿意将我的心掏出作为证明给你看"。所以很多著名的导演和演员非常喜欢用这个动作来表达一种真挚的感觉和一颗真诚的心。例如，很多影视作品中，一名男性在向自己追求的对象表达自己心中的爱意时，会一边将双手放在胸上，一边深情地说："我是真的爱你，请你接受我的爱吧。"

曾有心理学家指出双手放在胸上，其所表达的真诚要比单手深刻。这是因为当一个人在试图将自己内心的真实想法表达出来，并且希望人们相信自己的话时，双手捧胸的动作能给其一种力量，这种力量灌入身体，使自己的心声放到最大，感染周围聆听自己心声的每一个人。

3. 双手摊开并抖动

双手摊开并抖动的动作会显得一个人非常激动，但是此时此刻，他传达的信息是希望每一个人都能注意自己提到的问题并相信自己话语的真实性。这种动作通常会被一个在台上进行演讲的人展现得淋漓尽致。例如，在一次关于全球变暖的会议上，一名来自某个岛国的代表非常切合实际地分析了当前全球气温升高给人类带来的威胁，并在演讲进入高潮时摊开双手，一边抖动一边非常诚恳地呼吁人们保护人类的家园，与会的各国政要都为之感动。

双手摊开的动作在某种程度上是在向人们传达一种"我所说的都是可以考证的，没有任何隐瞒和欺骗"的信息。这个动作如果配上一种非常认真的表情，会给人们更多的信任感，效果明显。所以，当一个人在与你诉说时做出这种动作，你要知道这个人应该不是在煽动，不是在狡辩，而是怀着一颗真诚之心的。

手是人体不可缺少的重要器官，因为手不仅有非常多的实用功能，而且能够帮助人们很好地传情达意。手势的种类很多，例如象征性手势、表情性手势、会意性手势等，其表达的意味也是随着手势的变换纷繁复杂。在很多时候，手势能很好地替代语言传达信息，所以人们经常会借用手势塑造自己的形象、气质、风度，达到一些预想的效果。而手势的这种信息传递性，也为我们了解一个人提供了渠道。所以当一个人的单手捂胸或者双手捧胸以及双手掌心向上摊开时，不要忘记这个人正在表现自己的真诚之心。

❊ 不要忽略交叉双臂的深意

双臂交叉的姿势比较常见，但是这种姿势象征的意义却经常被人忽略。双臂交叉抱在胸前是一种自我保护的姿势，它反映了一个人较为内向的性格。当一个人做出这个动作时，他的心理状态是感到外界的某些因素已经危及到了自己，想进行自我保护和防卫，所以这个动作是出于一种自我保护的本能反应。另外，这个动作还有截然相反的意味，例如它能表现一个人的自信，或者非常在乎并极力维护自己尊严的心理。双臂交叉的动作有多种不同的表现形式，每种形式都有所区别，所以要根据不同的情况做出具体的分析和判断，从而准确掌握其心理特点。

1. 双臂交叉抱胸

这种动作是最为常见的，它所反映的心理是对外界的排斥。女性在做这个动作时非常含蓄，动作不明显，但是表示拒绝的意味却是确实存在的。例如，当一名男性向一名女性表达自己的爱慕之情时，这名女性却并不想接受，这时她就会下意识地双臂交叉抱胸。此时，识趣的人就应该知难而退，如果继续纠缠恐怕会引起较为无情的拒绝或者不愉快的争吵。

经常做出双臂交叉抱胸动作的人比较喜欢独处，尤其是在大家一起活动的时候，他们经常会选择一处安静的地方享受一份属于自己的静谧。在遇到问题时，他们也比较倾向于自我调节，而很少去和朋友们交流，所以经常会陷入一种无所适从、悲观无助的境地。但是当他们遇到自己喜欢的人或者事物时，则表现出无比高涨的热情，非常执着。他们的个性有些倔强，有些固执，但是有时却非常可爱，尤其是女性，能给人一种小鸟依人的感觉，所以会让人对其加倍呵护。

2. 双臂交叉紧握拳头

这个姿势表示的是内心的焦虑和不安，通常是做了一些亏心事而感到心虚。

曾有一名 FBI 调查员奉命去调查一名篮球明星受贿打假球一案。在篮球场，这名球星怀抱篮球朝他走来，表情轻松自然。调查员从球星手中接过篮球，在地上拍了几下，随后询问了他几个问题，球星回答得很流利，丝毫没有露出破绽。

在返回的路上，调查员的助手不甘心没有一点收获，一路上喋喋不休地唠叨。调查员则平静地说："他肯定有问题，但是今天不是询问的好时机。我们刚见到他时，他将篮球抱在胸前，和我们之间隔起一道障碍，说明他对我们有防御意识。后来，我接过他的篮球拍了几下，再回头看他时，他双臂交叉握紧了拳头站在一旁，说明他对我们有强烈的敌意。我们知道他是个脾气非常糟糕的球员，所以第一次询问不应该问太直白、敏感的问题，要循序渐进才有发现。"果然，在经过两次问讯后，球星露出了马脚，随后坦白了他受贿的事实。

这个案例中的调查员很细心地抓住了细节，并找到了突破口成功破案。由此更加证明了当一个人将双臂交叉于胸前并紧握双拳时，其内心正在有所顾虑因而有意识地在自己和他人之间设置障碍，以将自己与他人间隔开，避免自己被他人看穿心思。生活中，有许多类似的现象。例如，在一些公共场合，一些人会双臂交叉紧握双拳，或者将一些书或者背包之类的东西抱在胸前，这时他想传达的意思是"不要靠近我"。

3. 双臂交叉抱胸，双手置于腋下露出拇指

一些人在双臂交叉抱于胸前时，会将双手置于腋下，并将拇指露在外

面。这种动作非常像天气很冷在温暖自己双手的样子，但是其所传达的意思是多层的。首先，双臂交叉抱胸，表现的是一种戒备心理。其次，其露在外面的手指表现了一种比较有优越感的心理。这种人在抱臂说话时通常会不停地转动两个拇指，此时说明他们对于自己所讲的话很有信心，相信自己的话能深刻地打动周围的人。

喜欢做这个动作的人，通常性格非常严谨。他们做事时会考虑多方面的因素，直到有十足的把握才会下手。因此他们经常出师即捷，百发百中。另外，这种人非常善于思考，勇于创新，所以经常会有很多新奇而实用的观点提出，令人赞叹。

4. 托盘式的姿势

这个姿势非常有特点，通常是人的一只手掌托住另一只手的肘部，然后被托起的手托住下巴。这个动作非常像在思考，但是除了这层意思外，还有一种非常积极的正面效应，那就是在向别人展示自己，希望引起他人的注意。这种动作通常被一些女性运用，当她们发现令自己心仪的对象时，通常会做出这个动作，一方面在思考怎样去接近；另一方面用这个动作托起自己微笑的脸庞，就像一朵美丽的花儿，吸引对方的注意力。

心理学家指出，肢体语言是传达内心意识信息的重要表现，它往往比言语信息更有影响力。所以通过肢体语言来判断一个人的内心活动，通常是非常有效的。

从握手方式感知对方的真性情

握手是一种基本的社交礼仪，它通常表示友好，是一种可以建立沟通的基本方式。通过握手，人们可以消除内心的隔膜，可以给人以良好的印象。国家元首相见要握手，同事之间见面要握手，朋友之间也要握手，这里面由于握手双方的身份不同，起到的效果也会不同。国家元首间的握手象征着和平、友好；同事之间的握手象征着团结、奋进；朋友间的握手则意味着友好、珍惜。握手的动作简单，但是其中蕴涵的意义却非同寻常，通过握手可以感觉对方的性情。

1. 握手握得紧

握手握得非常紧的人，性格刚强，给人一种非常硬朗的感觉。这种人具有常人难以想象的意志力，尤其是在面对困难时，他们通常会像一个英勇的战士，直面困难，一往无前。在他们的眼里，没有挑战的生活是乏味的。他们通常会通过挑战来体现自身的价值，同时也借助这个过程感受生命的意义。这种人在做事方面非常认真，总是兢兢业业、一丝不苟，态度非常端正，唯一的不足就是他们过于循规蹈矩，缺乏创新。另外，他们过于遵循一些规矩而不会变通，所以经常会得罪一些人，使自己的人际关系陷入僵局。

2. 富有弹性的握手

当一个人的握手非常有弹性时，此人的性格是非常特立独行的。这种人非常喜欢和不同的人打交道，喜欢接触新鲜的事物。在为人处世方面非常有技巧，他们是公认的多面手，因为他们能屈能伸，头脑灵活。与家人相处时，他们能无微不至，营造温馨气氛。与朋友相处时，他们能想人之所想，非常体贴。与同事相处时，他们能八面玲珑，处事得体。无论是事业还是感情，他们都能非常轻松自如地应对，尤其是在一些紧急情况下，他们往往能随机应变。

3. 摇晃夸张

在握手时摇摆动作幅度很大很夸张的人比较虚伪。这种人在握手时会用双手握住对方的手不停摇晃，外表上给人以非常热情的感觉，但是实际上，他们是在虚张声势。这种人喜欢将自己的事迹夸大，试图将自己塑造成伟岸高大的形象。他们自吹自擂、爱出风头的风格经常会招致人们的反感，但是他们自己却一直感觉良好。

4. 长握不放

握手时，长握不放的人比较容易感情用事。这样的人为人很真诚，说到做到，言行合一。他们非常热情，尤其是面对处在困境中的人，他们不会袖手旁观。他们对于对自己非常用情的人会铭记于心，尤其是对自己有恩情的人，总是用那句“滴水之恩，当涌泉相报”来提醒自己，所以他们的朋友对他们非常信赖，喜欢将内心的秘密与其分享。但是由于过于感情用事，他们经常会被一些感情问题所困。

5. 握手恍惚无力

握手时毫无力气，非常恍惚的人缺乏自信。这种人容易悲观，他们经常会做出消极的判断，给人一种毫无生气的感觉。他们的心理素质较差，也许是因为之前失败的打击，他们很少去接受一些没有把握的挑战，甚至在一些情况下会主动投降认输。他们身边的朋友一般会受其影响，所以如果身边有这样的人一定要帮助其树立信心，使其逐渐积极起来。

握手是现代交往中不可缺少的礼仪，也是了解对方的重要途径。俗话说“十指连心”，这是因为手部的神经非常密集，而且都是通过大脑发出的指令来实现相关动作。因此，一个人的手部动作往往可以反映其心理活动。所以想在交往前对对方有一个基本的判断，不妨通过一个握手感受一下对方。

第四章

站有站相，坐有坐相——姿势体态辨人心

俗话说“站有站相，坐有坐相”。一个人的站姿坐相能给人留下一定的印象，例如“站如松，坐如钟”就会给人一种积极、正面的心理暗示。而那些非常不端正的坐姿和非常松懈的站姿则会给人一种消极、负面的印象。其实，一个人的站姿和坐姿都是与其内心密不可分的，是其性格、心理的外化，所以通过观察一个人的姿势体态可以辨别一个人的内心。

❊站姿，解析对方性格的密码

站姿能展现一个人的风采和态度，同样，这也是其内心活动在此时此刻的一种外露。不同的站姿表现的个人心理不同，下面进行逐一的分析。

1. 站立中双目平视

双目平视是一种心中毫无恐惧和顾虑的表现，说明此人信心十足，是一个非常具有自信的人。这种人的站姿比较标准，尤其是在公共场合，只要在一个地方驻足，都会给人一种一身正气、气宇轩昂的感觉。这种人非常喜欢和不同的人打交道，性格外向的他们会在各种交际场合恰到好处地展现自身的风采，吸引人们的注意力，尤其会引起异性的注意。他们非常乐观，属于天生的乐天派，无论任务多么艰巨，困难多么巨大，他们总是能气定神闲、胸有成竹，脸上的标志性微笑总能感染身边的人，使大家齐心协力。

2. 站立时双手插裤兜

双手插兜的人城府比较深，思考问题比较全面，为人十分谨慎。这种人性格较为内向，他们不善言谈，但是却感情丰富。在做事时，只有在把握十足的时候才肯下手，所以经常会马到成功。谨慎使他们避免了很多失败的挫折，但是这也使他们错过了很多机会。在人际交往方面，他们非常挑剔，如果感觉上合不来，那么他们会选择离开，他们只愿意和自己喜欢的人在一起。他们对朋友非常忠诚，会为了朋友放弃自己的利益，从来不会出卖朋友，所以朋友经常会把一些非常隐私的事情告诉他们。对待家人，他们会默默地付出，同时也希望得到家人的关爱，会营造一种非常温馨的氛围，使家庭生活其乐融融。

3. 站立时双手叠于胸前

喜欢做出这种动作的人性格非常刚毅，他们不畏惧困难，屡败屡战。

这种人就像一个战士，不断在摔打中锻炼自己，跌倒了，爬起来，拍拍身上的尘土，继续前行。在他们眼里，没有过不去的火焰山，虽然人生路坎坷，但是没有一道坎能将自己彻底绊倒。在人际交往方面，他们并不善于交谈，内心具有一定的自我保护意识，所以会与陌生人保持一定的距离。他们喜欢“单兵作战”，所以经常会缺席集体活动，即使参加也会寻找安静的角落。在工作中，他们努力的态度会博得同事的佩服和上司的赞赏，但是团队意识较差的他们经常会因为没有与别人进行良好的配合而将事情搞砸。

4. 弯腰曲背，佝偻站立

站立时弯腰曲背，呈现佝偻状的人比较缺乏自信，甚至有些自闭。这种人也许是由于经受的打击比较多，心理素质又比较差，而造成了一种信心严重缺失的状态。这种人在做事之前经常会觉得自己根本不行，尤其是在一些较有竞争性的活动中，在活动还没开始之前就处于劣势，他们悲观的情绪经常会感染身边的人，所以在一些活动中如果安排不妥，他们很可能成为“害群之马”。他们的自我保护意识也很强烈，所以人们在试图接触他们时往往感到非常费力，难以接触和沟通的他们朋友很少。然而，他们需要人们心理上的抚慰和帮助，因此在与此类人接触时，要具有一定的耐心和技巧。

5. 别腿交叉而站

这种姿势显得很悠闲，但是其实是表现其一种保留或者拒绝的态度。这种人比较拘谨，尤其是与人交往时，总是感觉非常拘束，有时说话都不能正常进行。他们非常渴望与人进行交流，但也许是内心缺乏自信，在社交场合，他们总是非常害羞，欲言又止。在工作上，他们喜欢选择让自己感到舒服的工作，从而在工作中获得一种享受。

美国夏威夷大学一位心理学家指出，人们不同的站姿也就显示了不同的性格。性格是在日常生活中形成的，由于不同的人经历是有所差异的，所以这也就导致了人们的性格各不相同。因为文化背景的差异，行动动机的不同以及情绪上的差别都会通过人们的一些行动表现出来，比如，说站姿，所以想了解一个人的内心活动，想摸透其性格，可以仔细观察一个人的站姿。

坐姿，不经意间的动作透露其心理

无论是坐在一张宽大的沙发上，还是在一张小小的板凳上，每个人都喜欢选择让自己感到舒服的坐姿。也许是正襟危坐，也许是翘着二郎腿，也有可能是敞开手脚而坐，每一种坐姿所体现的气质不同，给人的感觉也不同。小动作隐藏着大玄机，不经意的坐姿是一种人的心态的自然流露，反映了一个人的性格特点，具体是怎样的心理活动和性格需要针对具体的情况做实事求是的分析。

1. 正襟危坐

喜欢这种坐姿的人在坐着的时候会将双脚并拢，整个脚掌着地，腰板挺直，给人非常正式的感觉。这种人的性格特点是非常坦荡，为人非常真诚。他们经常提倡一切行动都在阳光下进行，有矛盾不要掖着藏着，拿到桌面上大家一起解决。他们对于那些两面三刀的人深恶痛绝，遇到这样的人，明知道会被其暗中报复也会直言不讳，不吐不快。他们在做事时非常讲究顺序性，非常有条理，而且很有完美主义倾向，经常追求尽善尽美的结果。他们正襟危坐的姿势给人一种非常严厉，难以接近的感受，但是实则不然，他们是典型的热心肠，喜欢和人交流，喜欢帮助他人，热衷于将自己的光和热奉献给整个社会，是为人称赞的对象。但是，他们在很多时候会过于循规规矩，略显呆板，缺乏灵活性，缺少创新。

2. 侧身而坐

喜欢侧着身子坐在椅子上的人，比较在乎自己的感觉，属于不拘小节的人。这样的人喜欢追求一些自己感兴趣的目标，一旦确定了，就会一往无前，即使有人在耳边说了很多劝其放弃的话，他们也不会半途而废。他们属于比较外向的人，从来不会隐藏自身的感情，心里有什么就说什么，他们执着、直爽的性格常常博得人们的喜爱，但是也会因为在一些场合说了不合适的话做了不适当的事给自己带来麻烦。他们随和自然的性格使人们觉得非常容易交往，所以朋友非常多，但是由于其过于在乎自身的感受，经常会表现得很自私，这点比较令人反感。在工作上，他们非常喜欢追求新奇和刺激，所以经常会提出很多新鲜的点子，使人们眼前一亮。

3. 双手夹在大腿中而坐

坐着时喜欢蜷缩着身子，将双手夹在大腿中的人比较自卑，心理素质较差。这种人比较喜欢听从别人的意见，即使自己有些想法也会碍于一些原因不会说出来，而选择采取他人的意见。他们为人处世非常谨慎，这种谨慎本身是好的，但是在他们身上表现得有些过头。比如，他们会因为害怕得罪别人而小心翼翼，一旦伤害了别人，他们会感到非常自责，然后一遍又一遍地道歉，直到对方原谅自己，有时对方已经不再追究，但他们还始终不能释怀地表达着自己的歉意，使人感到奇怪。另外，他们自我保护意识很强，这样做的后果是将自己与外界隔离，所以朋友不多。所以这种人需要通过一些途径增加自身的自信，从而获得健康的自我。

4. 敞开手脚而坐

敞开手脚而坐的人比较自然，但往往具有一种想支配别人的冲动。这种人喜欢将自己的朋友集合在一起组织不同规模的活动，非常享受给别人安排任务的过程。他们性格外向，喜欢将自己的想法传达给每一个聆听自己讲话的人，更希望人们能接受并按照自己的想法做事。这种人喜欢通过工作获得成就感，所以经常会变成工作狂。也许是取得的成功比较多，遇到的挫折比较少，他们经常会自信过头，很多时候不分场合地展示自己，显得不知天高地厚，这也为他们的人际关系带来了一些麻烦。

5. 踝部交叉而坐

脚踝交叉而坐的人，表现的是一种焦虑心理。这种人通常还将双手握成拳头放在腿上，或者双手紧紧抓着椅子的扶手。大量的研究表明，这是一种控制自身的表现。例如，自己的想法不想被外人所知，不想流露自己的情绪，抑制自身的紧张和压力等。

心理学家经过长期的观察和研究发现，坐姿，这个不经意间的动作会透露出一个人的性格特点和内心秘密。所以当你试图了解一个坐在你面前的人的心理活动时，不妨观察一下他的坐姿。

睡姿，下意识的卧姿显出真性情

人们在睡觉时会有不同的姿势，例如，侧卧睡、平躺睡等。这些姿势看似平常，却能反映出一个人的心理和性格。这些姿势是人们下意识做出的，是几乎不受意识控制的，所以其传达的信息更加具有真实性。如果你想在没有较深接触的情况下对一个人有一个大体的了解，那么可以寻找机会观察其睡姿，从中找到答案。

1. 侧身睡，头放在胳膊上

这种姿势显得睡得很香甜，喜欢这种睡姿的人是一个温文尔雅、诚恳可爱的人。这种人非常温柔，说话时总是细声慢语，给人一种温文有礼的感觉。他们在信心上稍有缺失，在很多时候会因为怕失败，而放弃挑战，也因此错过了很多宝贵的机会。他们的情感比较细腻，能够捕捉一些常人不易察觉的情感或者细节，尤其是当朋友处在一种非常消极、忧虑或者恐惧的状态中时，他们能非常恰到好处地给予心理上的安慰，能通过自己的努力抚平朋友内心的不安。对待工作他们总是追求一种完美的结果，这使他们的态度非常端正，颇博得上司的赏识。

2. 侧身睡，蜷缩身体

喜欢蜷缩身体睡觉的人内心充满了一种不安全感。这种人经常会因为一些事情产生嫉妒心理，甚至有报复心理。他们的自我控制能力较差，再加上比较敏感，会因为一些在旁人看起来并不起眼的事情而大发雷霆，他们也因为容易发脾气的性格而让很多想与其进行交往的人望而却步。另外，这种睡姿的人比较缺乏安全感，他们的外表总是表现得非常坚强，但是内心却是非常脆弱的，在遭遇强烈的打击之后会变得非常消沉，甚至一蹶不振。在工作中，他们非常需要别人的鼓励，比如，他们在完成一次任务后特别期待得到同事或者上司的肯定或者赞赏，从中获取成就感和足够的自信，继续做出更好的成绩。

3. 平躺睡，四肢展开呈“大”字

这样的睡姿看上去非常悠闲，喜欢这种睡姿的人非常坦率。这种人有一颗充满自由和热情的心，他们喜欢和朋友们分享自己的感受，同时也愿意聆听朋友们内心的想法，感受不同的情感。他们会努力地寻找让自己感到舒服的生活方式，比如他们会认真地赚钱，让自己的物质生活丰富，然后再逐步使自己的精神生活丰富起来。他们比较会赚钱，也比较会花钱，甚至有些挥霍，属于会享受生活的人。他们在工作上非常努力，而且讲究方法，不会盲目，有板有眼的风格使人佩服。然而，这种人有一点缺陷，就是他们很喜欢管闲事，尤其是一些人们不希望被干涉的事，使人感到非常不愉快。

4. 平躺睡，双臂上举抱枕

睡觉时喜欢做这种动作的人比较热心，乐于助人。平日里，他们会非常安静，喜欢思考问题。他们的朋友非常喜欢将自己内心的秘密与其分享，因为他们是非常好的倾听者，更重要的是他们能保守秘密。他们为人十分慷慨，例如，朋友需要借钱应急，他们通常不会拒绝，这点经常会让朋友心中感到温暖。虽然容易成为焦点，但是他们总是低调行事，给人一种谦逊之感。

英国睡眠评估和咨询服务机构主任克里斯·依济科夫斯基通过问卷调查，概括出6种睡眠姿势，发现每一种姿势对应着一种人格类型。同时，睡姿也能折射出这段时间的心境、情绪、心理等。克里斯教授说，在睡觉的时候，人们一般很难改变自己的睡姿，所以，一个人不妨通过观察别人的睡姿来了解其性格特点。

❁吸烟姿势透露对方个性特点

一根烟夹在不同人的手中会展现不同的感觉，对于吸烟者来说，吸烟的姿势是因人而异的，每个吸烟者的姿势都具有自己的特点，例如，有的人会把烟夹于食指和中指后端；有的人会把烟夹于食指和中指前端；还有的人跷起大拇指抵住下巴，食指与中指夹住烟等。其实这些细微的动作是受每个人的个性驱使的，所以通过观察一个人的吸烟姿势，可以识别其独具风格的性情。

1. 食指和中指夹烟，大拇指翘起抵住下巴

这个动作给人一种在审视问题的感觉，吸烟时喜欢用这种姿势的人一般有较强的表现欲，善于通过语言或者动作表达自己的情感。这种人性格外向，生性活泼，从来不甘于寂寞，集体狂欢活动的策划和组织总是少不了他们。他们非常有表演欲望，总是希望将自身美好的一面展现给众人，尤其是那些需要登上舞台表演的时刻，他们会非常自然地走上去展示风采，没有丝毫紧张，因为他们在享受其中的快乐。这种人还非常善于演讲，如果能够打动听众，他们会非常有成就感。他们对待朋友非常真诚，尤其是朋友们在困境中时，他们会用自己的行动证明他们对朋友的情谊是毋庸置疑的。然而，他们有时比较固执，听不进别人的话，所以如果当你试图说服或者改变他们的想法时，要具有足够的耐心和一定的技巧。

2. 香烟夹于食指和中指的指根

喜欢用这种抽烟姿势的人办事非常小心谨慎，考虑问题全面，分析问题比较理性。这种人在看待问题时总是善于较深的挖掘，透过表面看本质，探寻问题的根本，由表及里，由此及彼。他们做事的态度是十分严谨的，例如，如果他是一名从事采访工作的记者，他会反复考察自己采访的内容的真实性；如果是一名搞科研工作的工程师，他会进行反复的实验并认真检查实验

的每一个环节；如果是一名历史教师，他会非常客观地教授他的学生。另外，他们做事非常有原则，一旦遇到违背自己原则的事，他们会毫不犹豫地遵从自己的原则，说一不二。因此，他们会给朋友或者同事一种非常值得信赖的感觉。他们自身的实力较强，大多能够凭借自身的能力干一番事业，但是在做出成绩之前都会非常低调，待到功成名就时一鸣惊人。

3. 用食指和中指前端夹烟

这种人拥有出众的口才，非常善于搞人际关系。他们的朋友非常多，因为朋友们喜欢和其交流，一方面是进行思想上和知识上的互通有无；另一方面是欣赏他们出众的口才，享受他们用自身的幽默诙谐营造的轻松氛围。他们在感情上比较敏感，所以经常会因为一些琐碎的事情而急躁。另外，他们的思维系统相对较差，所以做事的条理性比较差，经常会手忙脚乱。在一些关键问题的决策方面，他们容易优柔寡断，自己的观点容易受别人意见的影响。但是，他们本性非常善良，尤其是对待社会的弱势群体，他们经常会献出自己的爱心，让他人感到生活的希望和温暖。

4. 把烟叼在嘴上，手中做其他的事

这种人是典型的工作狂人。他们最常见的形象是嘴里叼着烟，眼睛盯着电脑屏幕，双手在键盘上跳着迪斯科。他们将工作视为自己的生活方式，生活的全部就是工作，这种工作劲头会让朋友或者同事感到压力，同时也会起到鼓舞作用，感染周围的人，给他们动力。这种人非常需要别人的关心，当你向其问寒问暖或者给予关心和照顾时，他们会有一种满足感，同时非常感激。另外，当有人对其工作成果给予肯定或更高的评价时，他们会非常兴奋，信心得到极大的提升，工作上会更加努力。

5. 拇指和食指捏着香烟

喜欢这种吸烟方式的人，比较具有亲和力，他们喜欢和周围的人保持一种和谐的关系。但是他们的情绪不够稳定，经常易怒、烦躁等。然而，他们有一颗争强好胜的心，所以会出现一种因为遇到不顺而情绪失控的情况。另外，他们在考虑他人感受方面做得不够好，所以经常会在无意中得罪他人，给自己带来一些麻烦。

吸烟的姿势传达的心理信息非常丰富，而且容易识别，所以要把握好机会，通过观察吸烟姿势，识别对方的性情。

❊ 走姿，对方性格特征的外显

大街上，可以看到形形色色的行人，然而每个人在走路时的状态是不一样的。走路是人们日常生活中最常见的动作之一，不同的人走路的姿势各有特色，例如，有的人走路昂首阔步，步伐稳健，给人一种不容置疑，要绝对服从的感觉；有的人走路比较轻快，行进速度较快，给人一种非常繁忙的感觉；还有的人走路脚步不稳，上身经常摇晃，似乎一阵风就要把他吹倒了。这些不同的走路姿势都是人们内心活动的体现，所以通过对一个人走路姿势的观察可以洞察其性格特点。

1.脚步急促型

这类人的性格特点非常鲜明，他们来去匆匆，做事讲求效率。他们非常喜欢干净利落的作风，在任务比较繁杂，而时间又很紧张的时候，他们会非常快速地逐个完成。即使在时间非常充裕的条件下，他们也同样非常迅速地解决问题，完成任务。他们做事非常讲究章法和节奏，这使得他们的效率奇高，经常会有同事去讨教经验，领导的赞赏更是家常便饭。这种人不但工作努力，而且具有强烈的责任感，从来不会推脱责任。在自己出现错误后，会自觉地做非常深刻的检讨，然后进行反省和改正，因此他们总能通过总结经验进行不断完善自身。精力充沛的他们喜欢迎接挑战，他们有足够的信心去获取胜利。

2.昂首阔步型

这种人在走路时迈的步子非常大，上身总是挺着胸，下巴向上扬，给人一种非常高傲的感觉。喜欢这种走路姿势的人通常非常注重自我感觉，在考虑问题时很少考虑他人的感受，是典型的以自我为中心。他们对待他人的方式很单一，而且很少能在他们的脸上看到笑容，所以给人一种非常冷淡的感觉。然而他们冷峻的表情下有一颗充满激情的心，他们经常会为自己感兴趣的事情付出全部精力，他们凭借敏捷的思维和有条不紊的办事风格出色完成了一次又一次的任务，向人们展示了自身的价值。他们的意志力是惊人的，事情越难他们越有韧劲，就像一个弹簧，不但不会被困难压倒，反而因此而更加具有动力和信心。

3.步履平稳型

这种人在走路时展现给人们最大的特点就是一个字“稳”，他们的走路姿态非常平稳，重心在脚下，态度十分从容，是最理想的走路姿势。喜欢这种走路姿势的人是典型的现实主义者，他们做事精明，讲究信誉。他们性格非常平和，很少能见到他们因为某事而大发雷霆，在他们的脸上总是能看到那温和的笑容，给人一种非常舒服的感觉。他们非常注重诚信，平时从不轻易许诺，一旦许下诺言必定会践行，所以他们的朋友都非常喜欢找其帮忙，或者为其帮忙。这种人的性格较为内向，他们谦逊和蔼的为人风格颇有些学者风度，而且他们一般都会有一定的才学，讲话很有深度，一出口便令人拍手称绝。他们在择友方面非常慎重，当他们发现自己新近接触的一个人并不符合自己的要求，便不再会与其接触，而当他们发现非常投缘的人时，会非常珍惜这份情谊，努力去维护和经营。

4.“蛇形”走路型

这种人走路最大的特点就是扭腰，身体左摇右摆，再夸张些就像喝醉一样。习惯这种走路姿势的人性格比较多面，他们时而非常开朗活泼，时而阴沉无语，让人很难把握。这种人最大的特点是经常口是心非，说的和做的差距很大，所以给人一种飘忽不定，不可靠的感觉。他们的朋友很少会将自己的秘密与其分享，这也导致了他们常常形单影只的状态。这种人思考问题角度非常独特，尤其是喜爱琢磨人们内心的活动，工于心计。他们做事针对性非常强，为了达到目的，他们会选用很多让人吃惊的方式。这种人独特的走路姿势显露了自身独特的性格，这种让人捉摸不透的性格常常为其蒙上一层神秘的面纱。

人们走路的姿势还有很多，在这里就选用以上四种比较具有代表性的姿势进行介绍。美国心理学家达曼经过多年的观察发现，人的走路姿势大致可分为6种类型，而且每一种类型的人都具有特定的性格特点。性格塑造了每个人的走路姿势，所以想通过观察来了解人们的性格，不要忘记了“走路姿势”这个明显而有效的渠道。

走路速度体现对方生活态度

走路是人们平日里经常要做的事情，就像鱼儿在水里游动一样平常，然而这个人们所做的最普通的事情，却蕴藏着不小的奥妙。

人们的走路姿势各有特色，走路的速度也不尽相同。有的人走起路来像一阵风，有的人则很缓慢，就像一只蜗牛，还有的人匀速前进。一个人走路的速度很能说明其生活的态度和性格特点，注意观察其中的细节，能很好地了解其人的心理秘密。

1. 走路速度快

有的人走路的速度非常快，两条腿来回摆动的频率非常高，上身通常会挺得很直，双臂摆动的幅度比较大。这种人生活的态度非常端正，他们把时间看成最宝贵的东西而倍加珍惜，无论是工作上还是学习上，他们时刻争分夺秒，取得为人称道的成绩，来实现自身的价值。这类人的性格特点是非常严肃地看待周围的事物和遇到的问题，他们非常注意自身的信誉，“言必信，行必果”，所以非常值得人们信赖。他们有一种信念，那就是自己确定了目标就会尽全力去实现目标，即使遇到困难也不会退缩。这种坚定的信念给了他们无穷无尽的动力。他们对自己的要求非常高，这使得他们经常成为某个群体中的标杆人物，是其他人学习的榜样。这种人的责任心很强，只要错误在自己的身上，总是勇敢地站出来承担，从不会连累其他人。端正的态度和强烈的责任心使他们在一些场合显得有些呆板，然而他们在一些社交场合是非常会营造氛围的，常常恰到好处，非常得体。对待感情，他们同样认真。会为了另一半的幸福而做出牺牲，让对方感受到无微不至的照顾，给对方足够的安全感。除此之外，他们还非常善于运用浪漫给对方惊喜，所以他们的爱情大多非常甜蜜。

2. 走路速度适中

有的人走路的速度不快也不慢，匀速前进。这种人对待人生的态度是比较理性的，他们认为纸上得来终觉浅，人生的意义在于实践，只有通过劳动才能创造财富，才能实现自身的价值。他们在平日的生活中非常具有正义感，遇到社会中不公正的现象总是会站出来为弱势的一方争取其应得的利益。而对于那些社会中非常有意义的，能够促进社会和谐发展的人和事他们总是大加赞扬，希望通过自己的努力宣传，让更多的人去学习这些积极的行为，为社会造福。

他们对待友情的态度非常正重，他们信奉“近朱者赤近墨者黑”，所以那些品行不够端正，会给自己带来不好影响的人，通常会成为其疏远的对象；而那些知书达理，身上具有很多闪光点的人则会成为其主动亲近的对象。这种人非常喜欢和别人交流，希望通过交流来使自身的知识体系更加完善，使自己的境界得到升华。

在爱情上，他们会非常勇敢地追求自己喜欢的对象，并且真诚地向其表白，用自己的真心感动对方。一旦得到对方的回应，就会非常体贴，并且非常专一。然而他们一旦确立了关系就会逐渐失去起初的浪漫情调，变得非常平淡，所以经常会陷入一个感情怪圈。

3. 走路速度慢

走路速度慢的人非常喜欢享受生活，他们对待朋友和亲人都非常宽容。这种人比较会为人，他们经常会为了避免得罪别人，说话时多用别人喜欢的词语，让别人感到心里非常舒服，喜欢跟其交往。他们非常有主见，非常有思想，总是有一套自己的做事方式，不但效率很高，而且质量也很有保证。他们对朋友非常真诚，对朋友的过错会非常宽容，对朋友取得的成绩会给予鼓励。在感情方面，他们非常注重经营，波澜不惊，但是愈久弥新。他们会在与自己所爱的人的相处过程中默默地去爱对方，让对方感受这种稳定持久的爱。在工作上，他们从来不会强迫自己去做繁重的工作，而是挑选那些自己喜欢的事情去做，享受工作给自己带来的快乐和成就感。

走路是人们每天都要做的事情，就像呼吸空气一样平常，但是这最普通的行为中却蕴藏着玄机，奥妙无穷。每个人都有自己的生活习惯和性格特点，这些习惯和性格会通过一个人的走路速度悄无声息、一点一滴地体现出来，只要能适当地把握就能很容易探寻其人内心世界，了解其内心的秘密。

头部姿势所透露的心理信息

两个人见面，最先看到的是对方的头部，每个人的头部动作和姿势都是非常有特点的，例如，在谈话中，有的人喜欢将头侧向一旁倾听，有的人喜欢将脖子挺直，还有的人喜欢将头低下。这些头部姿势都是由于人们内心不同的活动状态以及性格的特点形成的，所以通过观察人们的头部姿势可以洞察其心理特点和性格特征。

1. 头侧向一旁

当一个人在倾听对方讲话时将头微微侧向一旁，其所表现出的状态是对讲话者所谈的内容很感兴趣，正在非常认真地聆听对方的讲话。达尔文在研究动物时发现，人与动物的一些动作所传达的信息有着惊人的一致性。例如动物在看到或听到感兴趣的东西时会不自觉地把头偏向一侧。

这种人的性格特点是对待生活的态度十分端正，能够非常有条理地规划自己的生活，他们的生活大多由近期目标和远期目标组成。他们脚踏实地，一步一个脚印，用一个个小成功换取阶段性的、具有里程碑意义的成就。这种人非常懂得体谅他人，当别人有难处时，他们会换位思考，给对方以帮助或者减少给别人带来的麻烦。另外，他们非常懂得以礼待人，非常尊重他人，例如，当他人正用心地和自己交流时，他们会集中注意力，全神贯注地倾听，而且会是时不时地做出回应，使讲话者感到心情愉快。

2. 脖子挺得笔直

在与人交谈时将脖子挺得笔直的人表现的态度是比较客观和中立的。这种人的性格特点是非常喜欢细细品味生活中的点滴。例如，当他们遇到一个问题时，他们会仔细思考，寻找解决的方案，当问题得到了较为完善的解决后，他们不会就此不再关心这件事，而是会将问题再次拿出来仔细回味，琢磨其中的经验，寻找其中的不足，为下次做出更加完美的行动打下良好的基础。另外，他们为人处世非常有原则，他们不会轻易针对某个问题下结论，尤其是在双方进行争论时，他们总是保持非常中立的态度，仔细思考双方的论点和论据，最终，公正客观地丝毫不掺杂私人感情地做出审视和评判。

3. 低着头

在与人交谈中，经常低着头的人表现的态度是对谈话者所说的内容不感兴趣。这种人的性格特点是非常内向含蓄，比较在乎自身的感受。这种人在遇到自己不感兴趣的话题时，会慢慢将头低下，这时他们内心的态度是否定的，非常想通过某种途径避开。他们平日里比较喜欢做自己感兴趣的事，通过做这些事情来体现自己的价值以及获取一些生活的经验。另外，他们比较喜欢将内心的想法隐藏起来，除非是他们绝对信得过的朋友，否则不会轻易拿出来与别人分享，所以想要和这种人进行较为深入的交流时，需要一定的耐心和恰当的技巧。

4. 脑袋向前伸

当有人在交谈中做出这种姿势时，要注意他们的心理，这表示他们有攻击倾向。这种人性格的最大特点就是谨慎，他们做事讲究套路，而且考虑问题非常全面，在做出决定前，一定是做好了充分的准备，否则不会轻易出手。他们的攻击意识较强，对于自己觉得应该打压的对象，他们会经过周密的计划后实施，有时甚至心狠手辣。他们对他人的信任程度比较低，从不会轻易相信他人，所以给人一种非常难以接近的感觉。

5.脑袋向后仰

当有人做出这种动作时，表示其内心正在进行着激烈的思想斗争或者充满了无奈。这种人的性格比较内向，他们经常会顶着巨大的压力做事，这使得他们经常会因为一些事情不顺利而陷入深深的沮丧中。然而他们并不会找人倾诉，而是选择开阔或者较高的地方用大声呼喊或者奋力奔跑的方式进行自我释放，使自己感到轻松。他们对待朋友非常体贴，总是能为之所想，这让他们的朋友感到十分贴心。对待事业，他们的态度更是端正，所以经常会博得领导的赞赏，获得同事的钦佩。

头部集中了人们大部分表情器官，所以在人们之间互相交谈时，最先观察到的是头部。心理学家和行为学家通过研究发现，人们的头部在做出不同的姿势时，其所表现的情感和心理是不同的，所以要根据具体情况来分析，通过观察来捕捉其心理特点。发现了这个秘密，我们在与人谈话的时候，就可以揣摩别人的心理状态了。

第五章

话从口出，言为心声——言语声音阅人心

人们在倾听一个人讲话时，可以观察到对方的面部表情，听到其所说的内容，看到讲话者的身体姿势，通过对这些细节的观察都可以较好地了解其内心活动。除此之外，一个人说话的声音也是其内心活动的反应。

人们说话的声音和语气都是有区别的，不同的人有不同的特点，即使是同一个人在不同的情况下也会有变化。所以要达到洞察其内心，就要在闲谈中把握对方的语音语气以及一些习惯，因为一个人的口头禅中掺杂着他的真性情，闲谈中透露着心情，聊天的习惯可以展现一个人的性格。这些内心的秘密都会在谈话的过程中不经意地流露，所以要想对其内心进行阅读，就要把握这些细节。

❊ 语速、语气是内心情感的显示器

人们在讲话时通常会带有一定的语气，说话的快慢也不尽相同，这是因为人在说话时带着一定的感情。动物的吼叫多是一种本能反应，而没有任何思想在里面，而人在说话时则是带着一定的情感和态度，这些情感和态度会随着讲话自然而然地流露出来。所以，通过对一个人在说话时的语气、语速的把握可以很好地揣摩其心理活动和脾气秉性。

1. 语速很快

有的人说话很快，经常被形容成“机关枪”。这种人大体可分为两种，一种是非常快地讲着话，但是思想没有跟上，所以显得语无伦次，使人不知所想；另一种是语速很快，思维同样很快，给人一种雄辩之感。

讲话快，却没有条理，语义表达比较含糊的人性格比较急躁，而且容易紧张。他们在快速讲话时通常就是内心充满了危机感，想通过一些话语为自己开脱或者改善周围的环境，然而紧张和焦虑打乱了他们的思维，使得他们在解释问题时就像用一块脏抹布擦玻璃，越抹越黑。这种人在做事时比较讲求效率，但是急于求成的心理使他们经常陷入泥沼，这时他们会向他人寻求帮助，但是又怕被人认为比较低能，所以急忙解释，但总是收效甚微，反而加深了别人对其的成见。在感情上，他们的耐心很少，所以在不顺心时就会发脾气，这也往往成为了其感情破裂的原因。

讲话快，思维也快的人比较善于表达，心理素质较好。这种人在遇到紧急情况时会快速反应，讲出自己心中的想法，口齿清晰，逻辑严密，令人佩服。这种人喜欢与人辩论，找出他人想法中的漏洞，有针对性地出击并说服对方能使他们获得一种成就感。较高的语速和严密的逻辑使他们表达的内容在数量和质量上都非常上乘，这也是他们在滔滔不绝中获胜的重要原因。

在工作中，他们善于和同事交流，用恰当的方式向领导提意见。在生活中，他们喜欢博览群书，从中汲取营养，在知识的海洋中遨游，这也是他们出口成章，具有雄辩才能的主要原因。

2. 语速慢

说话慢的人同样分成两种，一种是话语虽慢，但句句有理，另一种则是语速慢，意思表达不清。

说话慢，但是内容丰富，很能彰显才华的人，性格上比较内向，他们平时比较喜欢独立思考，在遇到问题时，不是急于求助，而是自己进行分析，如果实在找不出答案再询问他人。这种人在闲暇时喜欢读书看报，钟爱轻音乐，他们会陶醉于一个阳光明媚的午后，一杯清茶，一首美妙的乐曲，一把藤椅和一张木桌。在工作中，他们喜欢从事自己感兴趣的工作，而且将工作的过程作为一种享受，作为一种实现自身价值的方式。在感情上，他们细腻有加，经常会给对方小小的浪漫和惊喜，所以他们的感情一般会非常甜美。

说话慢，表达不清的人性格内向，心理素质欠佳。这种人比较缺乏自信，也许是经受过较为重大的打击，他们在做事时总是瞻前顾后，顾虑重重，生怕遭遇失败。这种优柔寡断的作风虽然使他们处在一个风平浪静的港湾，但是也使他们错失了很多锻炼自己的机会。他们非常在乎自己的事业，所以非常努力，似乎想通过这些努力来证明一些东西。在感情上，他们比较羞涩，总是处于一种被动的状态，很多时候让人感到着急。

3. 语气舒缓

说话时语气很平，很舒缓的人性格比较温顺，非常懂得为人处事之道。这种人很懂换位思考，非常注意洞察别人的内心，别人不爱听的不说，别人厌烦的不做，因此人们都非常喜欢与其接近，所以他们的朋友很多。

4. 语气生硬

说话时语气生硬的人性格比较刚强，他们喜欢严格要求自己，并且对身边的人也用高标准衡量。他们的意志力非常强，在困难面前，他们就像一个钢铁战士屹立不倒。他们对待自己的朋友、亲人都是非常严格的，但是坚硬甚至冷峻的外表下有一颗火热的心，他们会在无声息处对人们进行关爱，收到这种关心和爱护的人往往会被深深地感动，因为在人们眼里，他们是不可能做出这种行动的。

心理学家通过研究发现，人在说话的同时也是心理、感情和态度的流露，其中，语速和语气可以很微妙地反映出说话者的心理状况，所以，留意了讲话者语速和语气的变化，你就留意到了他内心的变化。

❊ 重视闲谈，闲中方显真情

下班后或者假期里，朋友们会三三两两聚到一起聊天，这时的人们心情最为放松，闲聊的内容也不拘一格，可以海阔天空地聊自己想聊的话题，说自己想说的话。心理学家通过研究发现，人们在最放松的时候流露出的感情是最真挚的，其心理活动的状态也是最为真实的，所以闲聊时注意观察人们所聊的话题或者讲话的方式能够准确地抓住其心理状态。

1. 喜欢聊专业问题

喜欢聊专业问题的人，往往都是一些在某些领域比较有造诣的人，他们在闲聊时往往离不开这些平日里接触最多的东西。这种人的性格偏内向，不会轻易流露自己的情感，通常只会在遇到相投的人的时候倾诉自己的心声。他们喜欢挑战，不断地接触新鲜事物能够使他们保持对生活的激情，为了战胜挑战，他们会勤学苦练，在这个过程中不断磨炼自己，完善自己，在战胜困难的那一刻，回头看着自己走过的异常坎坷的路，会露出一丝欣慰的笑。他们非常注重知识的传递，从不为了维护自身的地位和权威而去垄断一些知识，这种无私的精神让人敬佩。在感情方面，他们非常敏感，他们在追求自己钟情的对象时会非常小心，如果发现对方对自己并不感兴趣，他们会知难而退，而一旦对方有积极的回应，他们会受到极大的鼓励，更加努力地追寻属于他们的幸福。

2. 喜欢聊家常里短

喜欢聊家常的人比较注意观察生活，聊这类话题的人以女性居多。这种人的性格特点是温柔体贴，他们喜欢给自己关心的人以无微不至的照顾，让得到照顾的人感到温暖。聊家常的人对生活的感触比较深，通常是体验了生活的酸甜苦辣后有一定的感悟。这种人非常重视家人，家人在他们心中的地位是他人难以比及的，他们在外面工作的目标当然是为了让自己的生活更加舒适，但是在他们看来，更重要的往往是让家人更加幸福。他们的责任心非常强，尤其是对后代的抚养和教育，他们会为此做出一个详细的计划，并认真地实施。对待长者，他们会非常孝顺，即使长辈说的话有错，也不会立即无礼地反驳，而是在合适的时候用恰当的方式和其进行交流，非常有耐心。

3. 喜欢聊国家大事

喜欢在闲聊时聊国家大事的人有比较强的观察能力，同时有一颗宽容的心，聊这个话题的人往往以男性为主。这种人的性格特点是拒绝平庸，有很强的完美主义倾向，他们经常会为了做出一番事业而倍加努力。观察同一件事情，他们的角度比较独特，所以经常能提出不同于常人的观点，能给人一种耳目一新的感觉。他们经常会有一种忧国忧民的情怀，尤其是在国家处于困境或者百姓遭遇灾难时，他们会充满愁绪，非常希望能贡献一己之力，拯救国家于危难中。他们在工作中非常有集体意识，会为了团队而暂时搁置个人的利益，这种以大局为重的作风非常值得人们学习和钦佩。他们在感情方面的最大特点就是专一，而且他们的情感非常丰富，所以既能给人安全感又能给人甜蜜感，是希望得到一份稳定的感情的人们最希望遇到的类型。

4. 喜欢聊娱乐新闻

在闲聊时喜欢讨论明星的八卦消息的人属于乐天派，这种人经常会将自己的生活置于一种非常欢乐的氛围中。闲聊中讨论这类话题的人往往以年轻人为主，他们经常会把这种讨论作为潮流和时尚的一个标志。对于娱乐新闻的关注也体现了他们轻松的心态和较好的心情。他们的性格特点是外向活泼，他们喜欢享受生活中的快乐，在他们的眼里，一天的时间很短，度过的方式很多，而以快乐的方式度过一天是最有意义的，所以很少能见到他们闷闷不乐地度过一整天。他们非常会调节自己的情绪，尤其是在情绪低落时，他们会找到自己要好的朋友聊一聊，不久就会恢复原样了。

闲假时，人们会聚到一起聊天，聊天的内容不同体现了人们不同的兴趣爱好，同时也表露了他们的心理状态，所以注意倾听对方所讲的内容，能够很好地把握其心理特点，挖掘其内心活动的秘密。

❊ 小口头禅中透露对方真正心绪

“口头禅”本来是佛教用语，后来随着时间的推移，逐渐成为了人们的习惯用语，通常是很少经过思考，在下意识中脱口而出的。从心理学角度看，口头禅是一个人内心对外界某些事物的一种认识的反应，人们在认识事物时会加入自己的想法，从而形成了别具一格的语言风格。口头禅是一种思维的惯性，是人们潜意识里思想的外露，是一个人心理活动的自然流露，所以通过对一个人口头禅的分析，能很好地把握其心理和性情。

1.常说“说真的”“老实说”“的确”等口头禅

喜欢用“说真的”“老实说”“的确”等作为自己口头禅的人性格上比较急躁。这种人经常急于说服对方，所以词语里经常会充满一些迫使他人进行肯定的词语，但是并不是所有人都会被其话语说服，这常常使他们因此陷入焦急的状态。在传播学中，“子弹论”和“皮下注射论”传播的内容会对都是倾向于受众产生预想中最理想的效果。这种人就是这种理论的践行者，然而，他们没有意识到“有限效果论”的存在，也就是说他们所讲的内容可能不会百分之百地对人们产生预想中的影响，而是随着客观环境而发生或强或弱的变化。所以很多时候他们一再用这些词语向受众强调自己所说的内容的真实性，然而效果却并不明显。他们对待朋友非常真诚，经常会仗义执言，针对朋友身上出现的问题，他们会出于好意地指出，但是方式上还欠打磨，所以经常会因让人难以接受而引起朋友们的误会。

2. 喜欢以“应该”“必须”“对”等作为口头禅

这种人的口头禅充满了肯定和味道，经常用这些词语作为口头禅的人非常自信，做事冷静、理性。例如，刘翔最喜欢用“对”作为自己的口头禅，他很少否定什么，这种充满“肯定”的态度，给周围的人一种气势，尤其是在比赛中，他冷静坚定的作风给对手以极大的心理威慑，同时这种口头禅也在无形中给予刘翔以积极的心理暗示，使自己更加自信，有更出色的发挥。在他们眼里，自己的话语会很容易地被他人所接受，例如，长期担任领导职务的人会经常用这种口头禅。

3. “听说”“据说”“听人讲”作为口头禅

喜欢用这种口头禅的人性格比较谨慎，这些口头禅能使他们产生较少的偏差，避免一些错误。他们的谨慎态度是值得肯定的，但是他们有时过于谨慎，使他们在一些问题上不能较快地做出决定，从而延误了时机，显得有些优柔寡断。他们做事非常讲究给自己给他人留条后路，不要逼得太紧，这使得他们在一些紧急时刻能够全身而退，金蝉脱壳。这种人为人处世非常圆滑，有人形容其“见人说人话，见鬼说鬼话”，这往往使人捉摸不透，感到难以相处。

4. “啊”“呀”“这个”等口头禅

喜欢用这些词语作为口头禅的人性格比较温柔，平时说话较少。这种人在反应上比较迟钝，总是给人一种慢半拍的感觉，然而他们并不是没有思想，也不是想法过于简单，而是城府很深，不会轻易透露自己内心的想法。例如，一些正处于考察期的公务员会非常谨慎地发表自己的言论，因为他们怕一句话招来不必要的麻烦，断送了自己的前程。这种人不会轻易相信别人，所以身边的朋友比较少，很少和别人交流的他们经常形单影只，孤独异常。

5. “可能是吧”“或许是吧”“大概是吧”等口头禅

经常用这些口头禅的人为人处世比较冷静，他们不会轻易将内心的想法透露给别人，使人难以捉摸。他们善于伪装，尤其是在一些危及自身利益的情况下，他们会为了保全自己而装出一副什么都不知道的样子，借此躲过危机。在交友上，他们的态度同样谨慎，不会轻易将自己的秘密透露，使人感觉难以接近。他们对待感情的态度非常平淡，似乎是可有可无，即使遇到让自己心动的人也会装作非常矜持。

口头禅中蕴涵着一个人内心的秘密，注意一个人的口头禅，能很好地把握其人的心理特点，洞察其充满新鲜神秘、精彩万分的内心世界。

❊ 有心地进行对话，听出弦外之音

人们在交谈中除了传递给听者字面上的意思外，往往还有一层隐含的意思，这被人们称为“弦外之音”，需要仔细琢磨才能领会其中的意味。一些特定的场合或者比较特殊的情境下，人们不方便表达自己的想法时，就会说一些蕴涵着另一层意思的话，表面上能够应付场面，实际上又传达了信息，非常巧妙，也很实用。善于捕捉这些话中话对于一个人的人际交往是非常有意义的，所以要善于在与他人的对话中分辨出弦外之音。

张女士在一个周末接到了女儿的电话，在电话中她答应带女儿去看电影。两个人在相约地点一见面，女儿就迫不及待地对她说：“妈妈，这次参加数学考试，考得不太好，94 分。”张女士在孩子的教育问题上一直采用鼓励的方法，于是轻声安慰：“没关系，你的学习态度是好的，只要把没懂的题弄明白，下次就一定会有较大的进步。”女儿听了，低着头想了想，没有甘心，仍然抓着这个问题不放，然后很认真地继续说：“妈妈，我觉得这次真的考得不好，我以前才考 80 多分，这次考了 94！”张女士一听，恍然大悟，原来女儿是想从自己这里得到夸奖。

由这个例子不难看出张女士的女儿是一个非常可爱的小朋友，想得到夸奖，却不直接说出“妈妈，你表扬一下我吧”，而是用一种话中有话的方式暗示张女士表扬她，的确有些人小鬼大。这个例子中的弦外之音是让人感到温馨的，因为它源自生活中最感人的亲情，让人们在琢磨出话里蕴涵的真正意义时感到无比的温暖。

中国人有一个较为普遍的特点，那就是含蓄。在说话时不会直接将自己想表达的意图说出，而是非常委婉地道来。这往往是一些生活阅历不够丰富，不注意观察生活，思维比较迟钝的人无法理解的。

小张是一家公司的技术员，他平日里工作勤奋，他端正的工作态度得到了领导和同事们的一致赞扬，然而，他唯一的缺点就是头脑不够灵活，不善于思考，不能够揣摩人们话语中的弦外之音，他也因此而为自己惹了很多不必要的麻烦。

有一次，他的一个上司说："小张啊，我这有件比较棘手的事，而刘秘书又去了市政府办事，你看……"小张很自然地回答："那我来帮你做吧。"结果是一些非常麻烦让人头疼的事情要处理，小张也因此为上司背了黑锅。

这种话语被称做"半截话"，通常是说话者将自己的意愿隐藏在话语中，像球一样踢给他人，如果听者毫无戒备地沿着说话者的思路走下去，那么就会非常轻易地掉入陷阱。所以在遇到这种引导性的话语时，要注意分析实际的问题，权衡其中的利与弊，有针对性地回答，避免陷入不必要的尴尬局面。

当有人在讲话时配合肢体语言对你做出某种暗示时，要特别注意其中蕴涵的某种意思。有很多人在说一些话时皮笑肉不笑，这种人会把真实的想法隐藏在内心，而说出的内容都是为了应对某些特殊的情况。例如，一些嫉妒心非常强的人会在别人取得非常辉煌的成绩后强装笑容说："祝贺你，你真棒！"表面上他们胸怀宽广，为别人取得成绩而高兴，然而实际上他们的意思是"别高兴的得太早，下次我会比你更风光！"再比如，一个人在做错了某些事后会受到领导的批评，然而这件事做得又非常符合领导的利益，所以领导会在批评那个人时话中藏话，表面上是批评，实际上是表扬，这种非常复杂的情景需要敏锐的洞察力和敏捷的思维才能识破，所以要善于倾听弦外之音，揣摩说话者的心理。

很多时候，人们要表达的意思和其表面的态度是截然相反的。这种情况最常见于恋爱中的青年男女，尤其是女性，她们经常口是心非。例如，女的会对男的说“真讨厌”，字面意思上是非常讨厌一个人，然而这里蕴涵的意义却恰好相反，弦外之音是非常喜欢的意思。大文豪莎士比亚曾说过：“一个温淑的姑娘，嘴里尽管说不，她却要人家理解为是。”所以在理解说话者的意思时要尽量结合实际情况，要善于发现弦外之音，只有这样才能真正捕捉人们的心理，更好地处理人际关系。

❀ 从聊天习惯认识他人的特点

聊天是人们最常做的事情之一，高兴时会找伙伴聊一聊，分享自己的喜悦；失落时会找朋友聊一聊，分担自己的忧愁；悲伤时和友人聊一聊，从中寻求安慰。聊天是人们交流的基本形式之一，通过聊天，人们交流了思想感情，完善了自身的知识体系，也开阔了视野。随着科技水平的发展，电话、网络逐渐普及，使人们之间的关系更加紧密。电话的无线电波使人们相隔千里也能互相通话。如今网络日益发达，两台电脑和一根光纤，将两个人连在了一起，交流的途径更加丰富了。无论是面对面，还是通过电话和网络，聊天时人们都会有不同的习惯，这些习惯都是由一个人的性格特点驱使的，所以通过观察一个人的聊天习惯，能很好地认识一个人。

1. 聊天中指手画脚

有的人习惯一边聊天，一边手在面前不停地比划，这种人的性格特点是具有很强的表现欲。他们非常喜欢在一些公共场合展示自己，所以他们非常适合做演艺、走秀或者模特等工作。这种人具有比较强的自信，很少因为眼前的困难而有所畏惧，在他们眼中，克服困难是他们证明自己实现自身价值的重要途径。另外，他们具有比较好的形象思维，在讲话的同时用手势刻画自己脑子里思考的事物，使人们能够更好地理解他们所讲的内容。尤其是在课堂上或者演讲台上，他们经常争取将深刻的内容用浅显易懂的语言表达出来,这样的高水平让人赞叹。

2. 聊天中很安静

有些人在聊天的过程中喜欢静静地倾听,很少讲话,这种人的性格特点是比较内向。他们喜欢安静地读一些书、欣赏一些景物以及思考一些问题。在与人聊天时,他们经常会选择倾听,即使发言也是喜欢说关于别人的事,很少将注意力引导到自己的身上。他们为人处世非常低调,给人的感觉是他们对什么都不感兴趣,然而,他们在平时里都在默默地为自己那个远大的目标努力着,奉行着那条为自己设定的“低调为人,高调做事”的准则。他们为人非常谦虚,即使对某个问题非常精通,也不会以一种俯视的角度去看待他人,所以人们都非常喜欢与其进行交流、研究以及讨论。这种人做事很严谨,不会敷衍了事,给人一种非常值得信赖的感觉。

3. 打电话时喜欢笑

打电话聊天时,人们也会有不同的习惯,例如,有的人很喜欢笑。这种人的性格特点是随和、温柔。他们的笑有时很爽朗,说明他们的心情非常舒畅,状态非常不错,这时的他们非常容易接近和交流。有时,笑声很温和,给人一种心灵上的抚慰,尤其是异性之间聊天,会使对方感到非常体贴、舒心。还有时笑声比较生硬,这是因为他们此时状态不佳,出于应付,正在强颜欢笑。

4. 打电话时说话断断续续

有的人说话不够连续,总是说几句就顿一下,然后接着说。这种人的性格特点是理性。他们在说话时出现停顿时,是在思考,考虑下一句话是否该说,该怎么说,这种反复的斟酌体现了他们极为理性的特点。他们思考问题角度很多,方方面面都照顾得很周全,所以经常会将事情做得比较妥当,令人满意。

5. 网聊时打字速度快

网络聊天是时下非常流行的一种聊天方式,在这个过程中,打字聊天最为普遍。打字速度非常快的人性格比较外向,具有比较强的表现欲。他们喜欢接触新鲜事物,尤其是一些时尚的元素。他们最喜欢凭着自身的感觉做事，理性和直觉相比，他们往往更相信自己的直觉。在对待友情的态度上比较偏激，对自己喜欢的朋友会非常热情地追逐，而对不喜欢的人，则会在第一次接触后再也不会有第二次谋面。他们不但喜欢新鲜事物，而且热衷于迎接挑战，因为这样能激起他们对生活的激情。

无论是面对面的聊天，还是电话连线，再或者是网络聊天，每个人都有一个属于自己的聊天习惯。这种习惯是自然而然形成的，然而这与每个人的性格是有着千丝万缕的联系的，所以，在聊天时，注意观察对方的聊天习惯，能很好地把握其心理特征，了解其内心世界。

幽默的方式体现对方的情操

人们在聊天时会发现有些人很会营造轻松的氛围，这些人言语丰富，而且善用幽默。这些幽默有的是故事的呈现，有的是风趣的语言风格，还有的是一种蕴涵着机智的讲话方式。说话幽默的人比较能够吸引周围人的注意力，所以往往是一些社交场合的中心人物。这些幽默的运用是非常自然的，同时也是非常讲究技巧的，更重要的是这是一个人的个性的体现。因此观察一个人的幽默给人们提供了一个了解讲话人性格的有效渠道。

爱迪生是举世闻名的大发明家，然而这个响当当的人物却不喜爱交际。在一次宴会中，他厌烦了与人们无聊的交谈，比起这种应酬，在实验室中做自己喜欢做的事要重要得多。于是爱迪生想寻找机会，中途逃脱。然而，正当他在楼梯口徘徊时，却遇见了屋子的主人。主人高兴地说："我很荣幸您能光临，但您现在正目瞪口呆，是否又有什么新发明？"爱迪生点点头说："是的，我现在正想发明一条出路。"

爱迪生的遭遇让人忍俊不禁，他想寻找一个合适的借口离开宴会，正在苦思冥想之际被屋子的主人发现，在被询问的时候借机发挥自己的幽默，不仅非常体面地道出了自己要离开的原因，而且避免了一些尴尬的场面。在人们想拒绝他人的时候总是想找到一种非常合适的方式，既达到自己的目的又不会伤害被拒绝者的感情。其实，幽默为人们提供了一种非常好的拒绝方式，使人们在一种和谐的氛围中找到了问题的解决方法。

通过爱迪生的幽默让人们看到了爱迪生温和的性格以及机智幽默的风格。爱迪生没有因为自己的发明创造给人类带来了巨大的便利而沾沾自喜，也没有以一种俯视的态度看待他人，而是非常谦虚地和人们交谈，表达自己的想法，这也是为什么后人非常敬仰这位伟大的发明家的原因之一。另外，通过爱迪生的幽默还可以看出他的思维非常敏捷，反应非常快，能够顺势而为，没有半点做作的成分掺杂在里面。

理查·布林斯莱·谢立丹是18世纪后期英国最有成就的喜剧家。当他的第一部喜剧《情敌》初次上演时，谢立丹应观众的要求上台谢幕。就在这个时候，有一个人在剧场顶层的楼座上喊道："这个剧糟透了！"谢立丹微笑着鞠躬说："我的朋友，我完全同意你的意见。"他一边耸耸肩，一边指着剧场里那些刚才为演出热烈叫好的观众，补充了一句："但是，我们两个人反对这么多观众，你难道认为能起什么作用吗？"

谢立丹的幽默是非常及时的，而且非常明智。当一个观众当着那么多观众来质疑他时，他选择了用幽默来反击，而不是被激怒，用严厉的声音和粗俗的语言进行回击。这使得他不但成功地说服了所有的观众，而且赢得了所有观众的尊敬。

从谢立丹的幽默中可以看出他的性格是非常严谨的，尤其是考虑到作为公众人物，自己做出的行为会给周围的人造成影响，他非常注意自己的形象。像谢立丹这种人的性格还有一个特点就是他们非常懂得忍让，同时懂得借用周围的事物，发掘这些事物中有利于自己的一面，使自己在即将陷入尴尬的情境下也能巧妙脱身，或者使自己在各种受到赞扬的情境下锦上添花。另外，他们对待朋友的态度非常端正，因为他们总是非常真诚地和朋友们进行交流。例如，朋友在一些事情上出现了错误，他们不会因为怕得罪朋友而去隐瞒事实，而是非常坦率地指出，让朋友引以为戒。然而他们不会非常尖锐，而是运用恰当的方式，既让朋友保留了自己的面子，又达到了目的，非常到位。

幽默的言谈是轻松的，善用幽默的人给人一种非常容易接近的感觉。幽默是一种情怀，它会使人们通过不同的角度去观察一件事情，得出不同的感想和结论，会使陷入困境感到迷茫的人瞬间找到了方向，所以幽默被人们广泛应用。因为人们的个性迥异，所以每个人的幽默方式都是不同的。由此，一个人在幽默的同时也是个性的彰显，所以在这时抓住其幽默特点，可以很好地洞察其性格特征。

❀ 多角度识破他人的谎言

人们经常会出于一些原因说假话，谎言给人们的印象大多是不好的，很多时候谎言意味着背叛，意味着破裂，所以人们都不喜欢谎言。然而，并不是所有的谎言都是恶意的，很多谎言是为了避免一些不必要的麻烦，为了获得更好的效果。所以人们经常会用一些“善意的谎言”来使自己或者他人的内心感到舒适，避免伤害等。但是无论是善意的还是恶意的，人们都不想被蒙在鼓里，都想知道事情的真相，所以学会辨别谎言对一个人来说是非常重要和必要的。

1. 通过眼神辨别

俗话说“眼睛是心灵的窗户”，透过一个人的眼睛往往能探寻其内心的秘密。撒谎通常会通过一个人的眼神表现出来，比如一个对你撒谎的人会避免与你的眼神接触，有时也会刻意地表现出用眼睛直视你，以掩饰自己内心的慌乱，给人一种自己说的都是真的的假象。这种根据眼神的交流来判断一个人是否在撒谎的方式中，需要结合一个人的具体性格特点来进行。例如，一个缺乏自信的人往往会在撒谎后，避免与人进行眼神交流的动作，以避免被发现眼神飘忽不定。而一个平日里自信满满的人通常会采用镇定的眼神来证明自己。无论是心理素质优良的人，还是比较缺乏自信的人，在他们撒谎后都会在眼神里表现出来，只不过明显程度会因人而异，这需要人们进行比较系统和仔细的观察、研究。

2. 从表情上辨别

研究发现，一闪而过的面部表情变化会泄漏一个人的内心想法。撒谎者在表情上会有与往常不同的表现。例如，他们内心的不安会导致脸部表情对事件的发生做出比较迟缓的反应，而当他们反应过来时，一种表情会在他们的脸上僵住，保持较长的时间，而且这种转换一般都显得很突然。再有，撒谎的人语言和表情不能像往常一样合拍。通常情况下，当一个人拿到一件自己喜欢的礼物时，他首先会面露喜色，然后会很高兴地说："我很喜欢，谢谢！"但当一个人撒谎之后，他在接到礼物时会先说"我很喜欢"，然后才会露出一丝比较僵硬的笑容。另外，表情与所说的话有时也会相互矛盾。正常情况下，一个人在接到自己喜欢的物品时会高兴地说"我很喜欢"，而当一个人皱着眉头说"我很喜欢"时，其可信度就大打折扣了。如果一个人的表情不是发自内心的，就会显得非常不自然，因为他们一般会把脸部的肌肉运动限制于嘴部，这也是撒谎者表情比较不正常的原因。

3. 从细微动作上辨别

细微的动作往往会揭露谎言，一般的说谎者都会表现出肢体动作十分僵硬，尤其是在平日里说话喜欢用肢体语言配合的人，在说谎后就没有手或者手臂的动作来配合自己的话语了。从心理学角度来看，这是由于撒谎的人有较高的保护意识而本能地避免身体占用过多的空间。再有，撒谎者会不经意地用手去摸自己的脸、脖子以及嘴巴，当然这种情况需要根据相关的具体情况进行分析。另外，研究者发现，人在说谎后会无意识地将一些东西摆放在对方和自己之间，比如，包或者书之类的物品。从细微的动作上辨别一个人是否在说谎比较有效，因为这些细微的变化往往是一个人内心最真实的写照，然而却是最难以捕捉的对象，所以需要观察者具有比较敏锐的洞察力和比较强的耐力。

4. 从言语上判断

说谎的人说话的方式和习惯较往常会有较大的差别。比如，一个平时说话干净利索的人，在说谎后说话会比较磕磕绊绊，对于质问者的话，他们会用重复的内容来作为答复。当一个人对于他人的问询回答比较简练时，其可信度比较高，例如“不是我”“我没做”等。而撒谎者往往会回避问题，避免直接回答，采取绕弯的回答方式，话语具有较强的暗示性。另外，撒谎者经常会为了证明自己没有撒谎而用过多的信息进行补充，而这些信息往往都是不必要的，正所谓言多必失，不无道理。

说谎的人会自然地感到不舒服，那么他们就会有所变化，无论是心理的还是外在的，只要人们善于捕捉，就能识破一个人是否在说谎，使自己透过迷雾看清真相，不被蒙在鼓里。

第六章

以小见大，一叶知秋——生活细节读人心

生活是由无数细小的片段组成的，每个人都有自己的生活阅历，有属于自己的心路历程。当人们在一起交谈时，经常会在不经意间流露自己对生活的感触，其实这些细节都是一个人内心感受的真实写照。所以通过对一个人生活细节的解读能够见微知著，一叶知秋。细节是了解一个人的有效渠道，但是也是非常容易被人们忽略的。所以想通过生活细节来读懂人心要做到细心并且具有较为敏锐的洞察力。

❊ 招呼的方式不单是礼仪那么简单

人们在见面时会打招呼，作为一种基本的礼仪，打招呼可以融洽人们之间的关系，增进彼此间的感情。打招呼的方式有很多种，有的人会将手举起来，将手掌张开对着要走过来的人晃手示意；有的人会将身体弯曲，鞠躬打招呼；还有的人身体上没有什么动作，而只是嘴巴上说话打招呼。这些不同的打招呼方式都是一个人内心活动的体现，是一个人性格的驱使，所以注意观察一个人打招呼的方式，可以探寻其内心世界活动的特征。

1. 举臂摆手打招呼

习惯将自己的一只手臂举起来，张开手掌，并晃动打招呼的人性格比较外向，而且属于乐天派。他们在与他人进行交流时，不会只局限于语言，他们多样的肢体动作和脸上丰富的表情都是非常具有感染力的，能够非常有效地调动人们的情绪，对于成功的交流都是非常有益的。他们在社交场合都是游刃有余的，他们开朗健谈，即使是第一次见面的人也会在几分钟之内与其成为朋友。这种人是典型的乐天派，他们从来不会因为一些事情困扰，遇到不顺心的事时总是会找到朋友们一起聊天，朋友们也非常乐于帮助他们，所以烦恼一会儿就烟消云散了，因此他们愁眉苦脸的样子总是转瞬即逝，一张洋溢着满脸笑容的脸是他们最大的特征。

2. 用鞠躬打招呼

习惯在见面时用鞠躬打招呼的人性格比较朴实，奉行实用主义。这种人不会因为一些不切实际的目标付出没有必要的努力，他们会事先对自己的目标进行评估，如果这个目标处在自身的实力范围内，那么他们会非常用心地制订计划，按部就班地实现所定目标。一些外表引人注目，实际功用不如人意的物品不会引起他们的兴趣，而那些实际功用明显的物品，即使外表并不出众，也能博得他们的青睐。他们有很强的忍耐力，尤其是在那些他们认为有意义的事情中，即使前方已经困难重重，他们也会一如既往，直到达到既定的目标。他们懂得自己应该做的和不应该做的，因此能够很好地分配自己的时间，充分利用时间。

3. 只用嘴巴说话打招呼

平时见面时身体没有大的动作，只用嘴说“你好”之类的问候语打招呼的人爱憎比较分明。例如，他们会与自己喜欢的人和事物接近，而在遇到自己不喜欢的人时会非常干脆地躲开，很少再给对方第二次见面接触的机会。这种情况在随时都是存在的，他们从不会迫于任何压力而做出自己不想做的事，所以在这一点上他们表现得非常率真、洒脱。他们在遇到社会上不公平的现象时不会选择沉默或者无视，他们会表达自身的不满，会非常直接地指出问题的所在，直言不讳地对犯错误者做出批评和指正。这种人非常喜欢简单的生活，那些为了利益的勾心斗角在他们看来都是愚蠢的行为，而荣华富贵在他们看来也都是浮云，过眼即逝。

4. 拍拍对方的肩膀说“你好”

喜欢用这种方式打招呼的人比较喜欢和不同的人接触，在这个过程中增加自己的阅历，丰富自身的经验。在交往的过程中经常用一些夸张的动作来引起人们的注意，给人留下一个深刻的印象。他们的个性很开放，喜欢接触新鲜事物，喜欢体验刺激，所以经常会去尝试一些自己没有做过的事情。这种人不拘小节，经常给人一种大大咧咧的感觉，使得人们非常容易接近，所以他们身边的朋友也很多。

世界上打招呼的方式还有很多，例如，日本人见面多以鞠躬为礼。澳大利亚人多用握手相互打招呼。非洲通行的打招呼方式是举起右手，手掌向着对方。而泰国人则双手合十，男性将双手放置于脸部前方，女性则置于胸前。印度尼西亚人碰到朋友或熟人的传统礼节是用右手按住胸口互相问好。西班牙人见面说问候话、互贴脸颊一次等。

打招呼是一种礼貌，熟悉的人打招呼，不熟悉的人也可以打招呼，这样可以拉近人们之间的距离，可以给自己和他人一种轻松、美好的心情。不同的人有不同的打招呼方式，有的人打招呼动作幅度大，声音洪亮，有的人则较拘谨、客气或小心，这都是一个人的性格使然。美国路易斯维尔大学心理学家斯坦利·弗拉杰博士声称，从一个人打招呼的方式和用语，可以了解这个人身上许多东西。所以打招呼不仅仅是一种礼仪，而且通过每个人不同的打招呼方式还可以洞悉人的内心世界。

❀从对方的爱车洞悉他的内心

汽车至今已有一百多年的历史了。从小聪明伶俐，善于思考的法国人居尼奥1763年回国担任陆军技术军官，在这之后用了6年的时间制成了世界第一辆具有实用价值的蒸汽汽车，从此以后各国出版物都公认法国是蒸汽汽车的诞生地。

卡尔·本茨是德国大名鼎鼎的"奔驰"汽车公司的创始人之一。1885年10月，本茨设计制造了一辆装汽油机的三轮汽车。1886年1月29日，本茨取得了专利权，此后这辆车以全新的面貌行驶在曼海姆城的大街上，这是世界第一辆汽车，从此德国人把1886年称作汽车的诞生年。

汽车从它诞生之日至今已经经历了一个多世纪的沧桑，它让人们感受到了前所未有的便捷，给人们的生活带来了巨大的改变。如今，汽车已经不仅仅是一种代步的交通工具，在很多人眼里，它还是一种艺术品。每个人对于汽车的要求都不尽相同，这是人们不同品味、喜好的体现，所以一个人选择的车往往能反映这个人的内在，因此通过对人们的爱车进行观察，能比较有效地洞悉一个人。

1. 喜欢家用车

家用车，外形设计比较平淡，没有高大的车体，没有粗犷的轮胎，也没有耀眼的车灯。但小排量的家用车却能为车主节省了不少银子，在油耗上，家用车绝对能做到经济。在内饰和速度上，家用车力求让驾驶者感到舒适，符合人体线条的座位，让人感到轻松并能保证驾驶者安全的车速，使驾驶者在居家旅行中获得美妙的体验。

喜欢家用车的人比较讲求实际，他们会为了更好的生活而努力工作，为自己的梦想买单。这种人性格比较平淡无奇，极度随和的他们很少会与人起争执，在与人产生矛盾时，经常会选择“绕道而行”，不会硬碰硬，在没有合适的解决方法时，他们会选择谦让，牺牲自己的一些利益来换取和平稳定。他们平时很少考虑给自己一些时间去放松，而是把工作当做自己存在的方式。他们对于领导的指令会绝对服从，对于同事也是友好相处，所以经常会被当作榜样，让人们学习。

2. 喜欢跑车

跑车的设计就非常前卫了，最大限度减少阻力的流线型车身，抓地力强、耐磨性高的轮胎，强劲动力的发动机，都为跑车爱好者提供了最大限度的享受空间。既然是跑车，速度是其最大的亮点，在最短的时间内体验最大限度的速度提升，既让人感到惊心动魄，又给驾驶者带来了无与伦比的刺激与快感。另外，跑车的外形设计往往也是使其流光溢彩的重要因素，跑车的外形设计往往是非常有概念性的，给人一种强烈的时尚冲击力。

喜欢跑车的人性格比较外向，有较强的表现欲。这种人平日里开朗自信，与人打交道总是底气十足，同时又不失风范，具有很强的感染力，与人见面总是会给对方留下令人难以忘怀的印象。他们对生活充满了好奇，尤其是自己没有经历过的事情，更能提起他们强烈的好奇心，从而促使他们去尝试，在新鲜与刺激中感受生活。这种人的充沛精力是让人叫绝的，他们经常会马不停蹄地做着一件接一件的事情，从不知疲倦。对待朋友，他们会非常真诚，愿意用自己的真心换取他人的理解和认同。

3. 钟情 SUV

SUV 的全称是 Sport Utility Vehicle，中文意思是运动型多用途汽车。主要是指那些设计前卫、造型新颖的四轮驱动越野车，一般既有轿车的舒适性又具有越野车的性能。SUV 不但有较强的通过能力，一定的载货能力，而且具有一定的运动性、舒适性，让驾驶者充分体验驾驶的乐趣。

钟情于SUV车型的人性格比较强悍，但是充满幻想。他们的上进心很强，目标比较明确，但是有时会将目标定得过高，脱离实际，高不可攀，因此经常半途而废或者遭遇失败的打击。然而他们有一颗充满战斗力的心，从哪里跌倒就从哪里爬起来，能够为了自己的理想不懈奋斗。

随着科学技术的发展，车的款式层出不穷，给人们带来了无限的选择。人们对于车的挑选其实也是其性情特点的展示。因此，通过观察一个人的爱车，可以从中洞悉其内心秘密。

选择不同的位置，透露不同的心理

在一些人们需要坐下的场合，每个人选择的位置是会有差异的。例如，在公交车上，有的人会选择车内前半部分的座位，而有的人则会选择后半部分的座位。在火车或者飞机上，有的人会选择靠窗户，而有的人则会选择靠近过道。有时也许是一些巧合或者偶然，但是大多时候这往往是一个人的心理活动在发生着微妙的作用。因此一个人在某些场合选择座位的位置为人们了解其心理提供了一个渠道。

1.火车上靠窗而坐

在火车上靠窗而坐的人，一般分为两种，一种是面向着火车前进的方向，另一种是背向着火车前进的方向。心理学家认为，靠窗并面向列车前进方向的位子是让人觉得最安全舒适的。这个位置比其他的位子更容易看清车外的环境，了解更全面的路况等信息。选择这个位置的人性格比较稳重，这种人做什么事都力求稳妥，不急不躁，让人放心。他们在与朋友们聊天时会注意思考，在话出口前会仔细琢磨，该说的会用最为稳妥的方式说出，不该说的则会克制自己不去说，所以他们很少会因为说话得罪人，有着很不错的人际关系。在感情上，他们会温柔体贴，经常会给对方制造小惊喜和小浪漫，使得他们之间的感情总是保持着甜而不腻的最佳状态，享受着幸福和快乐。

选择靠窗并背向列车前进方向的人看到的景物是出现后不断远离自己的，在安全感上稍差，这种人的性格比较犹豫。他们的自信较差，在做事时总是不能够端正自己的态度，结果给自己造成了较大的压力，这也往往导致了他们最终的失败。另外，他们的生活中充满了不确定性，这使得他们经常会犹豫不决，经常会出现改变自己最终决定的情况，这不但降低了做事的效率，而且使他们多次与宝贵的机遇擦肩而过。

2. 火车上临过道而坐

喜欢在火车上临近过道坐的人性格比较谨慎，自我保护意识很强。这种人在与他人接触时经常会考虑很多方面的因素，力求不让自己被他人欺骗。同样，他们做事也总是非常小心，争取保证每个环节都准确无误，做到完美。虽然他们表现出的状态是倾向于禁锢自己的行动，少犯错误，但是他们的内心却是无比奔放的，是非常向往自由自在、无拘无束的。因此这种人会出现一种“双面人”的状态，在与人接触时是一个样子，在自己独处时又是另外一个样子，使人匪夷所思，难以捉摸。

3. 火车上坐在中间

经常坐在两个人之间的人比较随和，他们崇尚顺其自然的生活。这种人不会钻牛角尖，他们信奉“如果认真，你就输了”，所以他们最常见的生活状态是无忧无虑。朋友们非常喜欢与他们在一起，因为他们不会为了利益而去纠缠不清，开朗大度让他们非常受欢迎。这种人的另一个特点是比较理性，他们一旦感觉到形势对自己不利就会立即撤出或者改变策略，而不会因为自身的感情因素做出愚蠢的事情。

4. 公交车上坐前半部分与后半部分

人们在选择座位的时候通常都有一定的规律。意大利非语言交流学家马克·帕克利对人们在车厢中的行为做了多年研究，他认为人们上了空的公交车后一般都不会选第一排座位，这排位子通常到了车厢快满时才有人坐。这是因为人们坐在第一排时会看不到后面的人在做什么，因此心中没有安全感，而在后边坐的人则会将前面的人一览无余，可以拥有足够的安全感。

所以喜欢坐在前半部分的人比较以自我为中心,很少在乎别人的感受,经常做自己喜欢做的事。另外他们具有较强的自信心,能够在做事时拿出应有的姿态,不会畏手畏脚。而喜欢坐在后半部分的人则比较在乎他人对自己的看法,考虑的问题比较多。他们的自信往往不足,经常在一些问题的决策上犹豫,因而耽误了很多宝贵的时间,甚至是延误了时机。

人们选择所坐的位置具有很大的随机性,但是这些位置说明了很多问题,其选择的位置往往是一个人心理或者性格的体现,所以注意观察一个人在坐下时所选择的位置能够较好地发掘一个人的内心活动,洞悉其内心秘密。

等电梯中的动作反映人的心理

随着城市中摩天大厦的不断崛起,人们越来越离不开电梯,因此人们会出现一种新的状态,那就是等电梯。在较高楼层工作的人往往都会有一个等电梯的过程,在等电梯的时候,人们会表现出各种各样的姿态。例如,有的人在等电梯时会到处走来走去,有的人则会不断地按升降按钮,还有的人双眼盯着电梯上的楼层显示灯,随时准备在电梯门打开第一时间冲进电梯。这些不同的动作都是一个人性格心理的驱使,因此一个人在等电梯时所做的动作往往能反映一个人的内心活动。

1. 在电梯口踱步

有的人在等电梯时会在电梯口不停地踱步,走过来又走回去,时不时地看看电梯门打开了没有。这种人的特点是直觉非常敏锐,善于从细节发现问题。他们平时非常喜欢看一些侦探类的书籍,喜欢从一些人们习以为常的最容易忽视的细节中发现问题。在与朋友聊天时,他们经常会提出一些很新奇的话题跟大家一起讨论,这使得人们从不同的角度去看一个问题,从而受到一些启发。这种人的艺术气息很浓,他们经常会对事物有比较感性的体验,例如,绘画会栩栩如生,写歌会优美动听,摄像角度新颖独特。他们在感情上表现得很痴情，对待一段感情总是非常认真，全身心地投入，不知疲倦，甜蜜时自然会非常幸福，但是一旦感情出现裂痕，他们会受到较大的伤害，很长时间不能从痛苦中摆脱出来。

2. 不停按升降按钮

有些人在等电梯时会不停地去按电梯的按钮，脸上一副十分焦急的样子，这样的人性格比较极端。人们都知道这样去按按钮是徒劳的，因为那不会加速电梯升降的速度，所以从这个角度来看他们不够理性，常常按照自己的想法做事，而不会去考虑客观环境是否有所限制。这种人往往有工作狂的倾向，他们经常会沉溺于自己所做的事情当中，处于一种忘我的状态。他们对于自己不喜欢的事或人会表现得非常冷淡，然而他们是很有幽默感的，经常会和自己的好朋友在一起开玩笑，创造一种比较轻松愉悦的氛围，所以他们身边总是不缺少欢笑。在工作中，他们非常懂得与同事和上司搞好关系，这使得他们能左右逢源，事半功倍。

3. 低头看地面

等电梯时经常低着头看地面的人性格比较内向，个性比较消极。他们经常会在做事时缺乏足够的信心，这导致了他们经常在开始之前就已经认输了，不得不让人感到惋惜。他们多数时间是在为别人而活，因为他们经常考虑别人的感受。为了别人的利益着想，尤其是家人，他们会付出很多心血，这让他们感到生活是充满压力的和不堪重负的。这种人的心地非常善良，在他们的眼里，每个人也都是非常善良的，所以他们经常会轻易地相信他人，将自己毫无保留地奉献出去。在朋友中间，他们总是充当着好好先生或好好小姐的角色，不会轻易得罪他人，即使别人得罪自己，也会为了极力维护与他人良好的人际关系，而去迁就，得过且过。他们对朋友们的要求十分重视，很少拒绝，甚至会答应一些超出自己能力之外的事情。

4. 左右看

在等电梯时左右查看，观察周围环境的人性格比较冷漠，比较不容易接近。这种人通常会有极强的自我保护意识，总是通过各种手段来掩饰自己的内心，害怕被别人看透。所以他们经常会与别人保持一段安全距离，避免他人轻易地接触到自己的内心，只有跟自己最为亲密的朋友，他们才会将这段距离缩到最短。他们的朋友不多，但是感情都是非常深厚的，即使很长时间没有见面，他们之间的这份情谊也不会有丝毫的减弱。他们的求知欲非常强烈，平时很注意吸收新知识，不断完善自身的知识体系，使自己能更好地适应周围的环境。另外，他们的数字能力非常强，善于做复杂的计算，在理工方面很有才能。

现代都市中，电梯是高楼大厦不可缺少的部分，人们在等电梯时会有不同的表现，这些表现反映了他们内心的秘密，所以通过细心观察，能够非常好地了解一个人。

❁ 看他对金钱的态度知其品性

钱是促进社会繁荣发展的一种金融交流工具，每个人都可以通过自己的劳动来获取报酬，取得钱财。每个人对于钱的态度都是不同的，例如，有的人会将金钱看得很轻，很有“视金钱如粪土”的姿态；有的人会将金钱看得很重，信奉“有钱能使鬼推磨”的格言；还有的人对金钱有一个非常端正客观的态度，提倡“君子爱财，取之以道，用之有度”。人们对金钱的态度往往是一个人脾气秉性的体现，所以看一个人对金钱的态度往往能够探寻一个人的内心世界。

1. 视金钱为实现抱负的辅助工具

很多人赚钱是为了实现远大的理想和抱负，这种人性格比较严谨，很有责任感。他们对待金钱的态度比较客观冷静，不会为了钱而去冒风险做傻事，而是会在法律允许的情况下通过自身的努力获得合法的劳动报酬。这种人对待工作的态度很端正，他们会与同事尽量搞好关系，遵从上司的指令，因此他们在工作上一般能左右逢源，工作进行得比较顺利。他们非常懂得理财，在他们看来，会花钱不是本事，会赚钱才是能力，理财更是重中之重。所以他们会将自己所赚的钱根据自身的实际情况进行分配，从而使自己在任何阶段都能有充足的资金从事自己想要做的事情。

2. 视金钱为地位和名望的标志

有些人将钱视为地位和名望的标志，他们非常在乎别人对自己的看法，他们会为了让别人对自己更加尊重或者佩服而去努力赚钱。豪华的轿车和别墅是他们用来炫耀的资本，这种人非常享受金钱带来的权利和名望，因为他们能从中获得一种满足感。他们钟爱回报率较高的风险投资，从迎接挑战到战胜挑战的过程中体验刺激，实现自己存在的价值。这种人做事往往需要一种自我激励，所以他们经常会在取得一定的成功后给自己一定的奖励，使自己的动力更加充足，向下一个目标奋勇前进。

3. 把金钱看作一切

这种人把金钱看得很重，他们认为钱是一切，能够给生活带来无限的可能。所以他们经常会为了钱铤而走险，不惜犯罪。这种人不但会努力地赚大量的钱，而且会将钱大笔地挥霍，尽情享受。他们的性格比较偏激，有时会为了得到一些利益而不择手段。他们往往不但对钱感兴趣，而且对权情有独钟，因为权能够为自己带来更多的利益。然而他们的自我控制能力较差，所以他们在一些情况下往往不够理智；容易出现问题。他们对待朋友的态度难以令人满意，因为他们经常会为了钱而牺牲朋友，背信弃义。

4. 将钱看得很轻

有些人会把钱看得没有那么重要，在他们的眼里，钱是罪恶的源头。这种人的生活态度是崇尚自由自在的，在他们眼里没有什么能束缚他们追求自由。他们不会因为社会上一些条条框框的约束而改变自己，他们喜欢做真正的自己，所以他们总是展现给人们自己最真实的一面。对待朋友，他们总是最真诚的，当朋友有困难时，他们总是能伸出援手，帮助朋友排忧解难，使人感到十分温暖。

5. 将钱视为一种生活方式

这种人会把挣钱和花钱看成一种生活的方式，没钱时他们会努力去赚，有钱时他们也不会胡乱挥霍，他们对金钱的态度非常客观、端正。这种人往往是理财高手,他们能很好地平衡自身财务状况。他们在投资时往往不会投入很多,但是这种求稳的风格使他们能够获取比较有保障的回报,从而使家底比较殷实。他们平日里总是非常乐观,很少会因为一些事产生焦虑。财富在减少时,他们会分析原因,将损失挽回;财富增加时,他们会享受其中的快乐,同时总结经验,继续努力。

钱在人们的生活中究竟扮演着什么样的角色,那还要看每个人的具体情况而定。人们对于金钱的态度是不同的,这也是人们不同的性情、心理所致,所以了解一个人对金钱的态度能较好地洞察其心理活动,探寻其内心秘密。

由购物习惯看清他的真实心理

购物是每个人日常生活中都经常涉及的活动,为了获取生活的必需品或者是一些提高人们生活质量的物质资料,人们都会到商场、超市等地方去购物。在购物时人们除了根据自身的需要,购买相应的商品之外,还会根据一些自身的爱好来挑选所购买的物品,这就会使人们形成一种购物习惯。购物习惯是与人的性情脾气以及个性喜好紧密相关的,通过观察一个人的购物习惯,能够很好地了解一个人的内心。

1. 非常在意品牌

有很多人在买东西时会非常注意品牌,当遇到自己喜欢的品牌或者知名度较高的品牌时,他们会给予较高的关注。这种人比较喜欢在他人面前展现自己,尤其是渴望得到他人的尊重和认可。他们通常会通过一些渠道来提升自身的能力,从而使自己获得更高的地位以及知名度,进而得到更多人的认同以及赞扬,从中获得一种满足感。这种人在品位上有较高的追求,同时也会对周围的人有较高的要求。所以他们的朋友往往也都具有一定的能力,大多是在某些方面比较有特点的成功人士。

2. 考虑经济实惠

很多人在买东西时会考虑是不是经济实惠,如果所要买的物品超出了自己资金的承受能力,那么他们会选择放弃。这种人有很端正的金钱观,比较善于理财,能将自己的钱财比较科学地进行分配,这使得他们在各个时候都有比较充足的资金做自己想做的事情。但是这种人的注意力不能很好地集中在一件事情上,容易被一些琐碎的小事影响,也容易被周围人的一些话或者行为影响,而无法专心于自己所要做的事情上。也许是现实中阻碍他们前进的因素过多,他们经常有些不切实际的幻想,使人感觉他们总是不够成熟,然而他们的内心是渴望更好的生活,追求更高的目标的。

3. 对于物品的样式或者颜色挑剔

许多人在购物时主要选择喜欢的样式或者颜色,对于品牌和价格,他们往往不会关注很多。这种人对于周围的人或者物都很挑剔,他们的眼光总是独具特色,挑选的东西往往能使人眼前一亮,倍感意外。他们为人处世的方式也很特别,心直口快是他们最大的特色。因为这些人经常会因为受不了周围人所穿的衣服、用的东西缺乏品位或者做的事情没有创意,不符合自己的要求而去挑剔,有时甚至抑制不住内心的急躁情绪而出现粗口。物以类聚人以群分,所以他们周围的朋友一般都会有比较独特的品位,能够让他们有所学习。

4. 对于物品的大小尺寸要求高

有些人会对购买的物品的尺寸大小要求很高,例如,衣服大了会觉得影响身材,小了影响舒适感,所以他们一般会选择尺寸刚刚好的衣服。这种人的性格特点是非常随和,他们非常崇尚一种无忧无虑的生活状态,每天做自己想做的事情,和自己喜欢的人在一起交流探讨。他们很少会因为一些不高兴的事情而闷闷不乐,通常都会在朋友的开导下逐渐找回自己,重拾属于自己的标志性笑容。但是他们做事往往过于粗心大意,这使得他们经常会做些无用功,浪费了时间和精力。这种人有较强的好奇心,这使得他们经常会大胆地去探寻一些问题,这种执着的精神通常会感动周围的人,无形中鞭策大家去努力奋斗。

5. 对于流行趋势关注较多

买东西主要以流行趋势为风向标的人，会非常关注物品的时髦程度，即使一个物品的性价比和名气都很高，然而已经过时，那么他们也不会去选择购买。这种人的性格特点是活泼开朗，善于人际交往，尤其是与不同的人打交道，从中获取一些宝贵的经验，感悟一些深刻的道理，完善自身的人格。他们喜欢和朋友们一起到远方游玩，精力充沛的他们会选择一些大家都没有去过的地方，从而开拓视野，增长见识。

人们在买东西时都会有一定的购物习惯，观察一个人的购物习惯能够辨别一个人的性格。所以在与朋友或者同事去购物时，可以留心一下他们的购物习惯，从而比较全面地了解这个人，然后进行有针对性的交往，使彼此间的感情更加融洽，创造和谐的人际关系。

❀ 打电话时的习惯透出脾气秉性

打电话是人们再常见不过的一个动作了。独在异乡思念亲人时，会拿起电话向家里报一声平安；工作中需要与同事或者客户进行联系时，会拿起电话进行沟通；久未谋面的朋友会在一些节日中拿起电话送上诚挚的祝福。然而这个拿起听筒或者手机打电话的微小动作却蕴涵着一些不为人知的秘密。这些动作往往是人们内在的性格的外在表现，所以通过对一个人打电话时的习惯性动作进行观察，能够看出其人的性格特点。

1. 泰然自若地坐着或躺着

有些人打电话时喜欢舒舒服服地坐着或者躺着，他们在通电话时都会不自觉地寻找一处让自己舒适的地方坐下或者躺下，摆出一副宜然自得的姿势。这种人的性格特点是沉稳淡定，在自我状态的调节上很有心得。在自己心情烦闷时，他们会找到朋友们互相交流，排解心中的忧郁；在心情急躁时，他们会不断地给自己心理暗示，使自己凌乱的心绪逐渐稳定下来；在遭遇悲痛时,他们会深呼吸,在适度的悲痛后让自己恢复理智。他们的自我控制能力很强,所以一些没头没脑的傻事绝对不会发生在他们的身上。这种以理性见长的处世风格使他们为人们信赖,他们说的话多为人们所悦纳,颇有领导者的风范。

2. 用座机时用笔拨号

在使用座机时,有的人习惯用笔来代替手去拨号,这种人的性格特点是比较急躁。他们的精神一直处于一种紧绷的状态,对于周围的一切都非常敏感,即使是一些最不起眼的小事也能引起他们的注意和多虑,结果经常给自己增加许多没有必要的心理负担。他们对于工作态度非常好,能够对于自己所做的事情负责,并且总是追求一种完美的状态,力求将手头的任务完成得最为出色。但是他们不善于人际交往,所以身边的朋友并不多,从而导致他们往往将工作视为自己的精神支柱,这容易使他们陷入一种“工作狂”的状态,难以自拔。

3. 边走边说

有些人在打电话时总是一边走一边说,即使自己原本在座位上或者躺在床上,在接打电话时也会不自觉地站起来,边走边说。这种人的性格比较外向,有较强的好奇心。在生活中,他们总是通过不同的渠道接触新鲜事物,寻求刺激,因为这种刺激会让他们获得一种满足感。在工作上,呆板无聊的工作不会引起他们的注意。他们喜欢做自己没有尝试过的事情,在挑战面前,他们会表现出兴奋和激动,然后拿出自己全部地精力投入到其中,通过战胜挑战来展示自身的价值。他们平时会劝说身边的朋友多去接触新事物,这样一来,他们与朋友之间就会形成一种默契,促进彼此间关系的融洽和谐。

4. 打座机将听筒夹在耳朵和肩之间

打电话时喜欢把听筒夹在耳朵和肩之间的人一般手里都在做着一些其他的事情,经常在打电话时做出这个姿势的人性格比较谨慎。这种人做事情会预先做出周详的考虑,将事情的利弊都分析清楚,然后趋利避害,减少犯错误的概率。他们处处小心,从不贸然行动,这使他们很少犯错误,但是却使他们经常陷入一种难以抉择的状态,在犹豫之中失去了很多宝贵的机会。他们非常珍惜和朋友之间的情谊，所以有时和朋友们的相处过于谨慎小心，结果这往往使朋友们感觉和他们之间有着不可逾越的鸿沟，使双方总是保持在原点，不得进也不得退，从而阻碍了彼此间感情的进一步拉近。

5. 边打电话边做其他事情

有人打电话时总是手边做着其他的事情，给人一种非常繁忙的感觉。这种人非常有时间观念，很有进取心。他们经常觉得时间不够用，做事情总是争分夺秒。他们给自己定的目标很多，于是他们就像一个登山队员，在到达一个顶峰后接着挑战下一个顶峰。在他们的眼里，没有什么困难是不可以克服的，因此他们经常会鼓励自己坚持就是胜利。他们对朋友也是如此，经常会去鼓励身边的朋友，为他们加油打气，互相影响，形成一个良性循环，共同进步。

打电话动作虽小，但是蕴涵的心理秘密是丰富的。打电话时，每个人都会受性格的驱使采取相应的姿势，注意观察，就能够很好地把握其中的奥密，从而更好地了解一个人。

❊ 下意识的小动作外露出真实想法

人们在平时会不自觉地做出一些小动作，例如，有的人喜欢在说话时面带笑容，有的人在做什么事情之前会掰手指节，还有的人在坐着时会抖动自己的腿和脚。这些细小的动作并不是经过了严密的思考而做出的行为，而是没有经过大脑做出的下意识的动作。所以这些动作往往是内心想法的自然流露，是最真实自我的展现。因此，抓住这些不起眼的小动作，能够洞察一个人内心的真实想法。

1. 边说边笑

有些人说话时总是边说边笑，即使脸上本是很严肃的表情，转过头与人交谈，也会立刻变成微笑的表情。这种人的性格比较开朗，常给人带来轻松和愉悦之感。他们会信奉“知足常乐”，所以不会因为达不到一些过高的目标而失落沮丧。他们总是知足，这使得他们拥有一个良好的心态，这种心理上的平衡也为他们带来了比较健康的身体。他们拥有很多朋友，因为他们开朗乐观的性格使得他们非常容易接近，有非常好的人缘。朋友与他们在一起会受到积极的影响，把凡事都看得很开，变得开朗乐观。这种人对待亲人是非常用心的，他们会付出自己全部的时间来善待亲人，使其感受到家的温暖。

2. 掰手指节

有的人在没什么事情可做时会掰自己的手指节，使关节发出咯嘣咯嘣的响声。这种人的特点是精力十分旺盛，非常喜欢和朋友们在一起聊天。他们为人诚恳，对待说谎者总是采取非常鄙夷的态度，有时忍不住去戳穿谎言，并对说谎者进行教育。他们的诚恳使周围的朋友都非常信赖他们，喜欢将一些事情托付给他们去办。朋友们心里藏着的一些话也喜欢向他们诉说，因为在朋友看来，他们是绝对会保守秘密的。他们对于自己工作的环境比较挑剔，但是一旦遇到自己喜欢做的事情，他们会竭尽全力，踏实肯干，不问回报，这种作风多为同事们赞叹，并且得到领导的认同。

3. 抖动腿脚

我们经常会发现一些人在坐着或者站着的时候，抖动自己的腿和脚。这样的人往往是比较自私的，以自我为中心，很少为他人考虑。他们在做事时，总是先考虑自己的利益是不是能够最大化，如果不能，他们会想方设法改变这种状况，或者选择放弃。在一些伤害他人才能获取利益的情况下，他们会毫不犹豫地选择获取利益，不惜损害他人的利益。这种人非常吝啬，他们很少拿自己的东西和别人分享，自己独占资源能够使其拥有一种优越感，却殊不知已经招来了人们的反感。然而这样的人却有着较高的思考能力，善于思考的他们经常会提出一些使人们感到意外又佩服的想法。

4. 摆弄饰物

在讲话或者无事可做时总是摆弄饰物的人性格比较内向。这种人不会轻易将自己的感情外露，喜欢将自己藏起来，不被人们发现。他们做事非常认真，从不会三心二意，因此他们总是能够比较好地完成任务。他们的另一个特点就是默默无闻，无论做什么事总是非常安静，即使获得了很大的成功，也不会得意忘形地去显摆炫耀，这一点往往会赢得人们的尊重和赞许。他们对待朋友非常友好，总是能够替他人着想，让人感到非常温暖和体贴。在朋友需要帮助时，他们能够非常敏锐地察觉，会在朋友开口之前伸出援手。

5. 摊手耸肩

很多人在说话或者听他人说话时会时不时将手摊开并耸肩，这种人的性格特点是宽容大度。他们似乎总是一副无所谓的姿态，好像天塌下来，他们也能当被子盖。他们对待朋友非常热情，在自己有快乐时总是不忘记和朋友们一起分享，在朋友有困难时总是能够见到他们坚强有力的身影。他们非常懂得享受生活，不会为了追求一些飘渺的目标而去苦苦地劳作，所以即使他们并不富裕，也不会垂头丧气。他们良好的性格使他们与亲人、朋友、同事总能够打成一片，相处十分和睦，其乐融融。

小动作藏大玄机，注意观察一个人的小动作，能够发现这个人许多不为人知的一面，从而更好地了解这个人，运用合适的方式进行交往，搞好人际关系。

第七章

人生五味，食色生香——饮食偏好悟人心

俗话说“人是铁，饭是钢，一顿不吃饿得慌”，吃饭是人们每天必须做的事情之一。无论是朋友聚会，还是公司应酬，饭局上的人们总是能表现出一定的关于吃的姿态。饮食上的偏好多是由一个人的性格和喜好所决定的，所以一个人的饮食偏好，多反映了一个人的内心。人生五味，食色生香，一个人的饮食偏好往往透露了这个人的心理活动，因此在平时注意观察和发掘，能够很好地读懂一个人的内心。

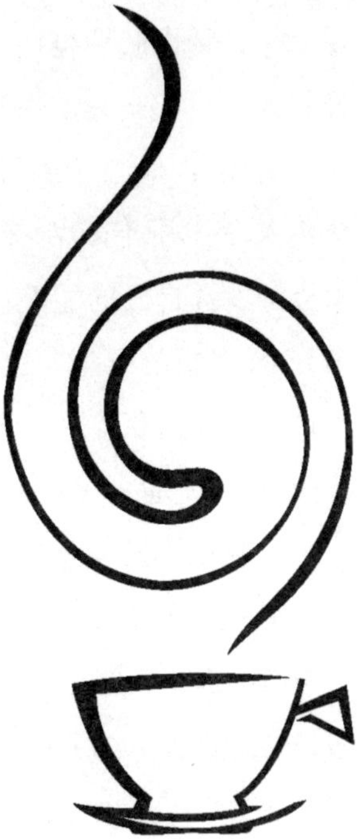

点菜的方式点出他的心理个性

约上几个好朋友出去吃个饭，聚一聚，不仅能促进感情，而且能一起品尝美味。在上菜之前，需要先确定吃什么，也就是先点菜。在点菜问题上每个人都有自己的方式，有的人在点菜时只盯自己想吃的菜点个不停，全然不顾其他人的要求。有的人点着自己想吃的，同时也问别人想吃什么。还有的人会让服务员对本店的特色菜作介绍，让大家自己选择。无论是哪种点菜方式都是一个人的心理的外露，所以点菜的方式点出了一个人的心理，注意观察能很好地认识这个人。

1. 只点自己想吃的菜，不顾他人

有些人在点菜时总是霸占着菜单，点自己想吃的菜，全然不管其他人的要求。这种人的性格特点是不拘小节，做事非常果断，为人处世很乐观。这样的人平时喜欢大大咧咧，不喜欢被一些条条框框束缚，尤其是在一些比较正式的场合，他们会感到非常不自在，而一些不拘小节的行为使他们显得格格不入，所以他们经常会通过一些特殊的方式提前离开。他们在工作上喜欢充分发挥自己的能力，如果上司对他们的工作横加干涉，他们会选择愤然离开，炒老板的鱿鱼。这种人在生活上非常懂得享受，尤其是吃上，他们会用自己挣来的薪水品尝各种美味，活得非常潇洒。然而他们只对待自己如此慷慨，对待朋友很吝啬，所以朋友们经常会因此远离他们。

2. 自己不发表意见，只听别人点

有的人在点菜时会把菜单主动交给别人，别人点什么自己就吃什么。这种人的性格特征不明显，属于从众型。这种人平时做事非常慎重，尤其是在一些需要表决的会议上，他们不会轻易做出决定并将之公之于众，因为他们信奉枪打出头鸟，所以总是在有人表态后自己再根据实际的情况来作出决定,以避免自己成为一些人的眼中钉或者竞争对手。然而他们的这种做法从一个侧面反映了他们内心比较缺乏自信,常常受到他人的影响,例如,他们常常不能坚持自己的观点,一旦有人提出了其他的意见,他们就会动摇。

3. 先说出自己想吃的东西

点菜时会先说出自己想吃的东西,然后看着别人点的人性格比较直爽,有较为宽阔的胸襟。他们平时说话很少经过脑子,不管是再平常不过的小事还是一些常人难以启齿的事都会轻而易举地脱口而出。尤其是对那些自己看不过去的事情,他们经常不顾具体的情况,想什么就说什么,语言上也常出尖酸刻薄之词,所以常常招来一些人的忌恨。对待朋友,他们非常真诚,朋友做错事情时,他们会直接指出,并帮助朋友改正,所以给人一种非常真实和非常让人信赖的感觉。

4.点菜很犹豫,慢慢吞吞

有的人在点菜时很慢,点一个菜后问了又问想了又想,最后又改成其他的菜。这种人的特点是非常谨慎,他们什么时候都会将安全放在第一位。例如,过马路时他们会宁等三分,不抢一秒,很多时候车都过去了,他还要左顾右盼,确定周围没有危险了再通过。这样的人比较喜欢为他人考虑,所以他们身边的朋友往往都会倍感体贴,然而他们过分地考虑他人的感受使得他们自己经常忘记自己的观点,没有了自己的立场。他们做事非常仔细认真,一丝不苟的风格使同事和上司都对他们大加赞扬。

5. 先请店员说明菜的情况后再点菜

有人喜欢让服务员介绍店里的特色菜,大家都听明白后他才开始点菜。这样的人有较强的自尊心,爱面子。他们做事之前都会考虑自己的面子是不是会受损,如果能够使自己很有面子,他们会主动去做一些事情。这种人比较能坚持自己的观点,除非对方的论据十分充足,否则他们不会轻易动摇。他们比较追求卓越,所以做事总是高标准要求自己,常常能给人以耳目一新之感。在人际交往方面,他们会非常重视自己的尊严,同时也不忘记尊重他人。

饭前点菜方式能够体现一个人的心理，注意观察，仔细分析，能够探寻一个人的内心世界，较为立体完整地把握一个人。

从烹调习惯解读人心

做饭是一件非常开心的事情，首先，可以亲手烹制自己想吃的美味，给自己带来一种轻松和喜悦之感。其次，可以给家人或者朋友烹制可口的饭菜，看着大家大口吃着自己精心烹制的饭菜，并不停地夸赞你的手艺，这绝对是一件可以让自己获得满足感和幸福感的事情。而且有很多人把自己亲手烹制的饭菜当成一种艺术品，不但用味道给自己带来好心情，而且从视觉上也获得了满足。人们在烹调的过程中都会形成一种习惯，这些习惯都是一个人性格的解读，从烹调习惯解读人心是一个很好的渠道。

1. 做饭时将配料准备齐全

有的人在做饭的时候会将配料准备齐全，无论是菜还是调料，都会准备得一应俱全，这使得他们做饭时非常顺手，这也是他们最终烹制出令人赞不绝口的美味的重要原因。这种人的性格特点是活泼开朗，他们非常善于表达自己的情感，有什么样的情绪都会表现出来，从来不会掩藏自己内心的感受。他们比较喜欢和不同的人接触，在交流中获取不同的经历，取得一些在他们看来非常重要的阅历和经验。比如，在社交场合，他们会表现得非常得体，尤其是在与一些非常重要的社会名流接触时，他们会感到非常激动，然而他们会尽量抑制自己的兴奋，争取将自己展现得完美。他们与朋友在一起时，总是最自然的，从来不会装模作样，而且会有什么就说什么，即使因为一些话语与朋友争吵，也会在最短的时间将矛盾化解，所以他们与朋友间总是一种和谐的关系。

2. 一边做一边找配料

有的人在做饭时不会将配料都准备齐全放在自己触手可得的地方，而是一边做一边找调料。这种人的性格比较随和，做事很随性。他们不喜欢被生活中的条条框框束缚，想到什么就会做什么，想到哪就做到哪，如果遇到了难以克服的困难，他们会仔细分析眼前的情况，或者选择向他人求助，或者选择知难而退，从来不会因为路途的坎坷而陷入困惑，所以他们总能够保持一个良好的心态，一种愉悦的心情。他们对待工作的态度也是比较特别的，如果工作比较符合自己的兴趣，那么他们会非常尽心尽力地去做，如果与自己的意愿相悖，那么他们会选择与上司交涉，如果交涉不成功，他们则会选择退出。在朋友的选择上，他们非常相信缘分，如果他们感觉两个人聊得很投机，性格上非常合拍，那么他们会选择与其成为朋友，而当话不投机半句多时，他们多半会选择放弃或者离开。

3. 一边做饭一边品尝

有的人喜欢在做饭时，一边做一边尝，根据食物的味道状况来选择调味料的调配。这种人的性格特点是比较谨慎，做事喜欢按部就班，不会贸然行事。他们在生活中非常注意细节，比如出席场合穿衣搭配，等电梯时的小动作，睡前枕边书的选择等，他们都会尽量去雕琢，让自己看上去更加优质完美。他们在与朋友相处时，总是喜欢倾听朋友的倾诉，通过朋友的话语来了解朋友最近的生活状况，帮助朋友发现当前工作或生活中存在的问题，从而有针对性地帮朋友解决问题。这种人对待工作非常认真，他们经常会为了工作自愿地加班加点，所以同事们多对其十分佩服，领导对他们也比较满意。

4. 做饭不愿有人观看

有的人在做饭时喜欢独自进行，不愿有人来到厨房观看。这种人比较喜欢追求卓越，对于生活中的惊喜比较期待。他们总是希望自己的手艺能给人们带来一种惊喜，并希望品尝者能赞不绝口。他们在平时非常喜欢和自己要好的朋友去一些从未去过的地方游玩，从中获取一种满足感。他们对生活充满了期待，因为在他们眼里，下一个精彩会与自己在某个时刻不期而遇，让自己感到幸福和快乐。他们有较强的好奇心，对于那些自己没有经历过的事情有着浓厚的兴趣，总是寻找机会去尝试。

烹饪是一门技术，烧一手好菜是一种能力，会做菜的人必定有一套属于自己的烹调习惯，这种习惯也许很平常，也许很个性，但无论怎样都是一个人性格的外露，所以通过一定的解读，能够很好地认识一个人。

对水果的喜好能反映人的性格特征

生活中大多人喜爱吃水果，然而每个人对水果的喜好是不同的，比如，有的人喜欢吃苹果，有的人喜欢吃菠萝，还有的人喜欢吃西瓜等。人们对水果的选择体现了人们内心的一种偏好，也是一个人心理、性格的侧面体现。

1. 香蕉

香蕉的特点是味甘、性寒，含有很高的糖分和蛋白质以及丰富的维生素和矿物质，能够对人体起到生津止渴、润肺滑肠的效果。日本癌症学会曾发表了香蕉具有提高免疫力、预防癌症效果的报告，一天吃 2 根香蕉，就能有效地改善体质。

喜欢吃香蕉的人性格上体现为外刚内柔，他们外表上多表现得很坚强，然而内心却是非常软弱和无助的。这种人的感情非常丰富，容易多愁善感，往往一点点小事就能掀起他们内心的波澜。在遇到让自己困惑或者伤心的事情时，他们会表现得沉默寡言，很少与朋友交流，形单影只，孤独异常。在遇到让自己兴奋激动的事情时，他们会欢呼雀跃，甚至喜极而泣，那种喜悦带来的冲击在内心中久久不能平息。他们非常在乎朋友对自己的评价，如果朋友对他们的评价十分肯定，那么这将成为他们前进的强大动力，但是一旦得到了一些带有消极因素的评价，他们就会感到非常沮丧，整日无精打采，影响到他们的生活和工作。

2. 橘子

橘子味甘酸，性凉，可以起到化湿祛痰、解毒止咳、理气润肺的作用。橘子含有大量的维生素，这对于人体的血管维护和皮肤的保养都是很有益的。

喜欢吃橘子的人比较具有亲和力，他们具有标志性的动作就是微笑。这种人非常适合从事一些服务性行业的工作，他们标志性的微笑具有很强的亲和力，能够感染客户，这种能够融化冰雪的微笑在解决与客户间的误会和矛盾时起到了至关重要的作用。这种人的情绪变化幅度较大，可能上一秒还面带微笑，心情愉快，下一秒就突然变成了怒发冲冠，或者痛苦悲伤，所以他们的内心比较难以捕捉，态度让人捉摸不透。他们对于朋友的要求比较高，他们希望朋友能够与其有足够的默契，比如能在没有语言交流的情况下通过肢体动作和眼神的交流来进行比较有效的沟通。

3. 葡萄

葡萄是一种比较具有营养价值的水果，尤其是葡萄皮的内膜，具有非常丰富的营养价值。红葡萄酒之所以比白葡萄酒拥有更好的保健功效，就是因为它连皮一起酿造。而法国波尔多大学的研究人员也发现，葡萄籽中含量丰富的增强免疫、延缓衰老的物质 OPC。

喜欢吃葡萄的人性格比较外向，比较善于交际，有较强的组织能力。这种人做事往往非常高调，他们会非常努力地将自己从事的工作做好，力求完美。他们在做事时非常专注，经常处于一种忘我的状态，甚至废寝忘食，所以无论是同事还是上司都会对他们有一种敬佩和肯定。这种人非常善于组织，他们经常会精心地组织一些活动，力求让自己满意，让他人满意。他们做事高调，为人却十分低调，通常不会将自己的锋芒展露，而是出于一种保护自己的意图，较为巧妙地躲过众人的非议或者针对性的攻击。

4. 樱桃

樱桃的含铁量很高，是特别适合女性吃的水果。樱桃还是被公认的能够为人体去除毒素和不清洁液体的水果，它对人体的肾脏排毒具有相当显著的效果。

喜欢吃樱桃的人比较理性，他们不会被感情所左右，理性的思考让他们少走了很多弯路，同时也因此而让人感到冷漠，不容易接近。所以这种人身边的朋友比较少，经常会感到一种莫名的孤独。他们在做事时总是会分析情况的利弊，抓住事情的关键点和要害，从而有针对性地做出行动，达到事半功倍的效果。

水果的喜好与人的性格密切相关，仔细观察就能发现他是什么样的“水果”。

融在咖啡里的内心

许多人都有一种咖啡情怀，工作累了，生活闲了，一杯咖啡，带着浓浓的情意，淡淡的香醇，让人们在瞬间获得一种轻松和释然。生活就像一杯不加糖的咖啡，闻起来很香，刚入口时却感觉苦味浓重，难以下咽，但是仔细品味之后，就会回味无穷，因为人们品尝到了这种浓浓苦中那隽永的甜。咖啡的种类有很多，喝法也有很多种。有的人喜欢拿铁咖啡，有的人喜欢卡布奇诺咖啡，还有的人喜欢意大利浓缩咖啡等。这些不同的咖啡和不同的喝法都是人们内心的融入，下面就通过心理解读，寻找一下人们融在咖啡里的心。

1. 选择拿铁咖啡

拿铁咖啡是意大利咖啡的一种变化，除了咖啡、牛奶、奶泡的比例有所区别外，其他的冲泡步骤等都是一样的。拿铁咖啡中的牛奶比例比卡布奇诺的多出一倍，所以喝起来奶香比较浓。

喜欢喝拿铁咖啡的人既爱喝咖啡，又喜欢享受牛奶的奶味，这种人比较喜欢追求时尚潮流。他们在生活中非常注意潮流的方向，出门游玩或者朋友聚会，他们都会将自己打扮得非常时尚，使人眼前一亮。他们为人处世的方式不拘一格，喜欢跟着感觉走，感觉对了就会十分热情主动，感觉不对，则会非常冷漠，选择离开。他们平时听的歌曲总是及时更新的，用的物品总是处于潮流前线的，思想也都是抛开沉旧，非常前沿的。在工作中，他们喜欢一口气将所有的事情做完，然后将大把的时间用来享受生活，体验一些给自己带来新鲜和刺激的经历。他们对待感情非常认真，经常细心地照顾自己的恋人，让对方体验这种贴心的温暖和体贴。与自己所爱的人携手走进神圣的婚姻殿堂是他们最美的愿望，他们往往会把婚礼办得隆重而又有新意，使人惊喜连连。

2. 选择卡布奇诺咖啡

卡布奇诺咖啡的做法大致是在一杯五分满的偏浓意大利咖啡里，倒入打过奶泡的热鲜奶至八分满，然后将奶泡倒入，最后还可以根据个人喜好洒上少许肉桂粉或巧克力粉。这种经过一系列处理的咖啡，颜色看起来就象卡布其诺教会的修士在深褐色外衣上覆上一层头巾，咖啡因此得名。

喜欢这种咖啡的人比较重视生活的品质，对美食非常感兴趣。这种人有很强的家庭观念，他们会在外面风雨无阻，为了家庭而奔波，家人幸福的笑容是对他们最大的安慰。他们平时休息在家，会将家里打扫得一尘不染，营造一个非常舒适的生活环境。他们的厨艺一般都是非常精湛的，会烹饪各种美食，让家人和朋友尽情享受美食带来的营养和快乐。他们对待感情非常专一，一旦认定一个人就会无悔地付出，直到与对方步入婚姻的殿堂。对于婚礼，他们会选择家族聚会等温馨浪漫的形式。

3. 意大利浓缩咖啡

通常煮一小杯意大利浓缩咖啡需要 7 克咖啡粉和 40 毫升至 65 毫升水，如果你要咖啡更浓一点儿，可以减少水的量。煮好的咖啡要放进事先热好的厚而小的咖啡杯中，趁热喝完才有味道。

喜欢喝这种咖啡的人比较有主见。这种人给人的第一印象是非常简单的，非常容易使人淡忘，然而长时间与他们接触的人会发现他们并不像其外表一样简单。他们的风格非常强悍，做一件自己认定的事，会非常执着，那种劲头让所有人看后都忍不住赞叹。他们对待爱情，同样是这种执着的风格，一旦遇到自己喜欢的人，就会努力去追，追不到手誓不罢休。让人幸福是，他们能在成功追逐到自己心仪的对象后对其有更加细心体贴的照顾。他们喜欢的婚礼形式是欢歌热舞非常热闹的，他们自己也会在这期间高歌一曲，展现个人光彩。

咖啡的选择体现了一种情调和性情，很多人喜欢从一杯浓浓的咖啡里寻找一不小心失去的感觉。朋友之间，恋人之间，一杯香浓的咖啡，一句句暖心的问候，人们体验和享受着对心的慰藉。咖啡的种类还有很多，例如摩卡咖啡、蓝山咖啡和速溶咖啡等。喝咖啡的方法也因人而异，有的人喜欢加糖的咖啡，有的人喜欢加糖和牛奶，还有的人喜欢不带咖啡因的咖啡。这些不同的咖啡选择和喝法都融入了一个人的心理和情感，注意发掘，能够逐渐读懂那颗融在咖啡中的“心”。

酒品显示人的品位

中国有上千年的酒文化，自从酒诞生的那天起，人们就开始了对这种文化的记录与续写。酒逢知己千杯少，话不投机半句多。与自己的朋友在一起喝上几杯聊聊人生是一件非常惬意的事情。此外，公司聚会，宴会应酬，都离不开酒的身影。人有人品，酒也有酒品，酒品是因人而异的，大致可以归结为几种。例如，有的人酒后滔滔不绝地讲话，就像一个演说者。有的人见到谁都敬酒，不甘寂寞。还有的人酒后发酒疯，做出很多出格的事情。酒品多是酒后表现出的一种品质，此时人的神经多被麻痹，意识的控制力大打折扣，所以酒后展示的酒品比较明显，而且真实性很高。

1. 酒后变成演说家

有的人在酒后会变得非常喜欢说话，这些话很少过脑子，不加选择地说。即使周围的人并没有对他们的话做出反应，他们也会继续发表自己的演说。嘴里说着，手里还比划着，就像一个演说家。

喜欢酒后不停说话的人性格通常比较外向，他们只要三杯酒下了肚就开始打开“闸门”了。他们在平时的生活中喜欢在众人面前发表自己言论，并且把说服听众作为自己的目标，如果听众的行动与其发表的言论相符合，他们会有一种满足感。这种人比较喜欢做中心人物，或者箭头人物，总之那些经常处在舆论风口浪尖的人中总是少不了他们的身影。他们经常用自己的言行来感染周围的人，并且一般都会取得比较理想的效果。他们非常喜欢读书，在他们眼里，一个人的学识是没有限度的，学海无涯使他们感到自己要学的还有很多，于是他们经常利用闲暇的时间来为自己充电。所以在一些交际场合，他们经常会表现出古今中外、天文地理无所不通，别人说的他们一定知道，而且往往了解得很详细，而他们说的，别人不一定能懂。这种酒品不算差，充其量是个好事者，但是他们经常会因为酒后吐真言而招惹一些不必要的麻烦。

2. 逢人便敬酒

有一种人比较喜欢在酒桌上敬酒，遇到一个就敬一个，能喝的人会与他们畅饮，酒量小的则敬而远之。他们的酒量一般较大，总是想找到一个能陪他们喝个够的人，所以在酒桌上无人能与之匹敌的时候，他们会有一种孤独求败、难遇知己之感。

这种人的性格特点是好面子，他们比较在乎自己在他人心目中的形象，一般情况下他们会自我感觉良好，会觉得自己在他人心目中的形象是比较完美的，然而一旦听到有关自己的负面信息，就会感到浑身不自在，总是力图将他人的想法改变，重新塑造自己的良好形象。他们喜欢出风头，所以对于一些能使自己出彩，能让自己出名的活动，总是争先恐后地参加。他们对待朋友很讲义气，但是这种义气是建立在别人看起来自己很有面子的基础上的。这种人只要腹中的酒达到一定的量，就开始拿起酒杯四处找人敬酒，不过他们对人很好，只要敬酒时对方喝，就是给面子，他们就不会纠缠不休，所以他们的酒品不错，如果有机会遇到可以尝试交往，多数能成为知己。

3. 酒后撒酒疯

有的人酒喝多后就开始神志不清，然后性格大变，接着酒劲大骂或者非常暴躁地摔酒瓶，甚至大打出手。这种人经常会因为饮酒过量而制造暴力事件，成为社会的不稳定因素，所以人们多会选择远离他们，避免惹祸上身。

这种人的性格特点是比较急躁，平时做事比较杂乱无章，效率较低。他们平时做事总是会因为自己的进度过慢而急躁，最后不但不能加快进度，反而很容易将事情搞砸。他们对朋友也比较缺乏耐心，尤其在朋友出现错误的时候，他们不会耐心地劝解，而是急于求成地去责怪，经常让朋友下不来台，最后两人不欢而散。对待感情，他们同样很急，在追求自己心仪的对象时，他们会非常努力，但是一旦效果甚微或者遭遇失败，他们会非常沮丧，甚至因为心中巨大的挫败感而进入一个较长的低谷期。这种人的酒品较差，生活中人们多能远之则远之，以防引火烧身。

酒文化在中国源远流长，在国人的生活中已经烙下了深深的烙印。我们可以从酒品看人品，通过酒品认识一个人，把握一个人，从而避免在人际交往中走过多的弯路。

❋ 杯子映射出主人的性情

一个洒满温暖阳光的午后，靠在椅背上，从旁边的茶几上拿起一杯咖啡或者红茶，轻轻地喝上几口，绝对是一件非常惬意的事。在这样的场景中人们通常不会去关注那些所谓的细节，只要体验那一刻的闲适就可以了。然而人们却不知道自己喝饮品的同时已经泄露了自己内心的秘密，因为杯子可以映射出主人的性情。每个人都有自己的杯子，杯子的颜色款式以及手握杯子的姿势都在无形中透露了自己与众不同的性情。

1. 选用杯壁较厚的大口杯

很多人的杯子杯壁很厚，杯口非常大，这样的杯子握起来让人感觉很厚实，很稳。喜欢选择这种杯子的人性格比较憨厚，但是属于一种大智若愚的类型。他们在公众场合，或者是研讨会上很少讲话，除非硬性要求他们必须发言。他们这样做并不是说他们没有思想和胆量，而是因为他们一直在思考，一直在揣摩，一旦时机成熟，他们会非常自然地娓娓道来，不但内容丰富，而且逻辑严密，内容深刻，常常使听者频频点头，受益匪浅。他们为人处世非常讲究原则，他们常常在心里提醒自己按原则办事，所以很少做出一些糗事。这种人在与人相处时很少说某个人的不是，而是总选择一些带有赞美性的辞藻，使人听后感觉非常舒心，很愿意与这样的人相处。对待感情，他们非常忠厚，对于自己爱的人他们会全心全意地付出，无怨无悔，让对方体会到最真实最温暖的爱情。

2. 细长高筒杯

有的人喜欢用比较细并且很高的杯子，这种杯子往往用一只手就能握住，给人一种非常稳牢的感觉。用这种杯子的人比较喜欢一种轻松闲适的生活状态，不喜欢被人催促或者被条文束缚。他们经常会选择一个阳光灿烂的午后约上几个朋友一起去郊游，呼吸新鲜空气，感受大自然无穷尽的魅力。在他们眼里，生活就像一个气球，需要不断通过自己的奋斗向里面充气，才能展现出饱满的一面，然而这个充气的过程要有一定的额度，如果无止境地充气，最终的结果只能是发生爆裂，所以他们非常懂得给自己寻找机会解压，劳逸结合。他们在工作中劳逸结合，效率和质量兼顾的作风很受同事的推崇和领导的认可，所以经常会吸引很多人前来取经，从而也给自己提供了一个打造良好人际关系的机会。对待感情，他们比较喜欢掌握主动，希望感情的发展总是掌握在自己的手中，想方设法防止感情的发展失控。

3. 一次性杯子

一次性杯子的身影还是比较多见的，喜欢用这种杯子的人比较有一种实用主义倾向，同时追求一种简单的生活方式。这种人比较信奉“不管黑猫白猫，抓住耗子就是好猫”，在他们看来努力地工作是必要的，但是能够提高效率和质量的技巧也是不可缺少的。所以他们多会在做事之前根据实际情况选择一种最为合适的方式方法，从而减少不必要的麻烦，顺利地达成目标。与朋友相处，他们选择推心置腹。这种人的朋友数量不多，但往往都与自己有很高的默契程度。他们会把自己对一些问题的看法与朋友进行交流，朋友也多会真诚地帮助他们分析，提出自己的真知灼见。对待感情，他们喜欢一种比较自由的状态，不希望双方走得太近，而是给彼此都留一些可以回旋的余地。

4. 图案丰富的杯子

有的人杯子上印有图案，这些图案一般很有艺术气息。喜欢用这种杯子的人情感比较丰富，有时很多情。他们的思维比较活跃，喜欢接触新鲜事物，只要是自己头一次见到的东西，往往会怀着极大的兴趣去研究，但是这种热情大多会随着熟悉感的增强而减退。他们的情感非常丰富，在一个艳阳天里，他们可能会感到生活充满了希望，心情非常地轻松欢快。但是在一个阴雨连连的日子里，他们可能感到生命中充满了坎坷和不如意，心情变得低落，很多时候会影响到正常的生活和工作。

杯子虽小，却能映射出主人的性情。所以当你试图通过观察了解一个人时，不妨观察一下此人选用的杯子，这是一个不错的了解渠道。

❊ 由品茶的喜好品出人心

茶起源于中国，中国历史上关于饮茶记载，最早可以追溯到石器时代的炎帝神农氏。茶从中国传到世界各地，茶文化也随之走出国门，影响着世界上越来越多的人。

茶文化包括茶叶品评技法、艺术操作手段的鉴赏、品茗美好环境的领略等。整个品茶过程的美好意境体现了形式和精神的相互统一，是饮茶活动过程中形成的文化现象。

世界各国的人都在喝着茶，品着茶，各国的饮茶方法不尽相同，各有千秋，通过品茶能够品世界，品人生，品人心。

1. 喜欢喝轻发酵高香茶类乌龙茶

这种人有较强的好奇心，这种猎奇心理促使他们经常去做一些能满足好奇心又能给他们带来刺激感的事情。例如，做一名记者采取隐性采访的方式去调查一些十分敏感又充满危险的事。或者做一名极限运动爱好者，通过一些高难度动作来感受这种运动带来的冲击，从而产生一种满足感。再或者独自一人到一个人烟稀少的地方探险，虽然一些凶险的突发事件往往能够对他们的生命安全造成威胁，但是他们总是会选择一往无前。在他们看来，生活中的一成不变会让他们感到无聊，让自己感受不到存在的价值，所以他们总是显得不安分，无时无刻不在寻找能体现自己价值的事情去做。他们往往还是完美主义者，做事不但要求有挑战性和新鲜感，而且用高标准要求自己，力求将事情做得比较完美。对待朋友，他们比较缺乏耐心，所以常常因为朋友的一些小错误而产生较大的情绪波动，这种大起大落的波动也使朋友们感到很为难，经常会影响彼此之间的友谊。

2. 喜欢喝不发酵绿茶

这种人的话语不多，平时的态度比较冷静，情绪上很少出现大的波动。他们喜欢独自思考，不善于交际，所以在一些社交场合，他们总是局限于自己熟悉的部分，而对于陌生者总是表现得比较冷漠，让人感觉难以接近。他们平时非常注意原则，这种行事风格经常会得罪他人，所以经常被人形容为“顽固不化”。他们在选择朋友时总是观察对方是否足够真诚，另外就是否在思想和理念上和自己接近。遇到兴趣和志向统一的人，他们会非常主动，在一些方面做出牺牲和让步，也在所不惜。这种人非常有责任感，他们在工作中不但注重效率而且抓住质量，只要是自己的责任，绝对不会推卸给他人。这种严谨负责的态度，能非常有效地感染周围的同事，经常博得领导的青睐。他们对亲情非常重视，在家人出现问题时，他们会不惜做出自我的牺牲使家人脱离困境。

3. 喜欢喝发酵黑茶

这种人比较崇尚一种清静自然、无忧无虑的生活态度。他们比较喜欢没有束缚，凭自己的感觉做事，在遇到困难时也不会轻易放弃，而是以一种坚韧不拔的态度来面对，这种在困境中能够做到坚持不懈的精神也深深地感染了身边的人，很多人因此主动与其接近，并成为好朋友。他们做事非常讲究策略，懂得分析利弊，根据具体情况去发挥自己优势，避免自己的劣势，这种懂得思考并能用最好的方案去解决问题的做事风格使得他们在工作中能够将上级交给的任务完成得很圆满，颇受上司的赏识。这种人的性格非常外向，不管什么场合都能非常爽快地说出心中的话，不喜欢一些明争暗斗、勾心斗角。他们对待感情很专一，然而他们喜欢给彼此足够的个人空间，相处的方式非常巧妙，在这种若即若离的状态下不时地运用小浪漫，使得双方的感情总是保持着恰到好处的温度，令人幸福甜蜜。

喜好乌龙茶的人好奇心强，喜好绿茶的人处世冷静，喜好黑茶的人清静自然。每一种茶都代表了一种品位，人们在选择茶品时也体现了自身的性情。人们不同的饮茶嗜好都反映了其人格特质和对生活的态度，注意观察一个人的饮茶嗜好能够很好地了解这个人，品味这个人。

第八章

业余爱好，脾气秉性——休闲方式观人心

人们的生活是丰富多彩的，但往往也是非常忙碌和辛苦的，在结束了一天或者一个较长阶段的忙碌工作后，人们往往会选择一种自己喜欢的方式来使自己放松，例如，好动的人会选择组团去旅游，相对好静的人会选择在家看一些轻松愉快的电视节目或者听一些轻音乐。随着物质生活的不断丰富和生活水平的不断提高，人们的休闲方式也正在朝着多样化的方向发展。每个人都有自己的业余爱好、脾气秉性，人们选择的休闲方式往往是由一个人的个性特点和兴趣爱好所决定的，所以通过观察一个人的休闲方式往往能够洞察一个人的内心。

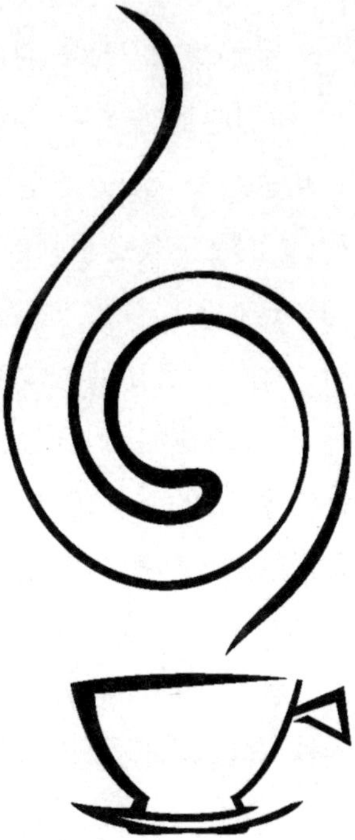

❊ 兴趣爱好，喜静还是喜动

人们的脾气秉性都是不尽相同的，所以每个人的兴趣爱好也都是有所差异的。有的人喜欢活泼的，比较具有运动性和刺激性的活动，例如，约上几个朋友去打一打篮球，踢一踢足球，或者是与一些登山爱好者携带必要的工具去攀爬比较高耸的山峰等。而有的人则喜欢比较安静的活动，一些文化气息很强，能够平心静气的活动往往能够引起他们强烈的兴趣。例如，和朋友们相约在家中下几盘围棋，或者清晨与好友一起打打太极拳等。人们的不同兴趣爱好往往反映了一个人的性格特点，注意观察，会使人们收获颇多。

1. 篮球足球等运动

爱好篮球、足球、羽毛球等运动的人一般都会具有一个比较健康的体魄，他们愿意通过一种健康的方式来使自己心中的压力得到缓解。这种人在从事这些运动时都是比较主动的，经常是这些活动的发起者和组织者，因此，他们往往具有很强的号召力和凝聚力，并具备很强的领导能力和组织能力。这种人比较善于交际，他们喜欢与人们进行交流，其实他们在与他人进行一些体育活动的时候就是一种非常自然的交流，同时也是一种情操的陶冶，这使得他们的人格很健全，不会因为一些琐碎的事情而烦恼忧愁。他们性格豪爽，做事总是一副大大咧咧的姿态，雷厉风行，人们经常会被他们这种做事的风格所感染，并在某种程度上将其融入自己的行事风格中。

2. 读书、书法、垂钓等

喜欢从事这些活动的人比较注重一个人的心理培养，注意调整自己的心境，保持一种平和的心态。这些活动本身就是需要一种能够摒弃杂念排除外界干扰的心境，他们通过这些活动来调整自己的状态，使自己无论在什么时候总是一副“山雨欲来风满楼，我却稳坐钓鱼台”的姿态。这种人有比较好的心理素质，他们越是关键的时刻越能稳住自身的状态，将自己的能力发挥到极致，颇具大将风范。他们比较喜欢独自思考，不喜欢有人擅自闯入自己的生活，打乱自己一直在努力维护的清净的小环境。他们做事比较理性，不会轻易被一些外界因素刺激而为自己的情感所左右，但是他们总是保持一颗清醒的头脑，这是他们在很多关键的时刻能够做出及时正确的决定的重要原因。对待感情，他们非常专一，不善于语言表达的他们总是用实际行动感染着自己爱的人，但是他们在处理一些感情问题时总是犹豫，这使他们错失了很多珍惜的机会。

3. 喝酒、打牌、看电视

这些活动的特点是需要较少的技术含量，只要几个人凑在一起就能够完成。这种人的性格比较直爽，喜欢简简单单的生活。朋友聚在一起喝酒，主要是为了寻求一种无拘无束的放松，几个要好的朋友在一起不用顾忌那么多条条框框的束缚，想说什么可以尽情地说，平时工作中压抑在胸中的愤懑可以尽情地宣泄，所以这种人是一种非常在乎自我感受的人，同时也是能够将理性和感性把握得非常到位的人。他们对待朋友非常真诚，只要朋友是真心与他们相处，他们便会非常努力地维护彼此之间的情谊，即使自己有所牺牲也在所不惜。这种人在感情方面比较在乎感觉，这种跟着感觉走的风格使他们与自己所爱的人之间往往会出现很多美妙的事情，例如很多给人带来惊喜的小浪漫。他们一旦认定了那个中意的对象，就会付出大量的心血，给对方无微不至的爱，让对方感到温暖。

兴趣指人们对事物喜好或关切的情绪，心理学解释为力求认识某种事物和从事某项活动的意识倾向。它表现为人们对某件事物、某项活动的选择性态度和积极的情绪反应。每个人都会在某个领域或技术方面，有着独特的见解和解决手段，可以是因为工作、生活的需要而逐渐练成的，也可以是因为爱好或喜欢。不管何种爱好，都是一个人的个性反映，所以当你试图了解一个人的内心时，可以注意观察这个人的兴趣爱好。如此一来，更加有针对性地与人交往，打造更加融洽的人际关系。

❁ 旅游喜欢自助还是跟团

对于上班族来说最期望的一个是发工资，另一个就是假期。在经过了一段比较忙碌的时期后，假期如约而至了，人们不约而同地怀着一种既激动又兴奋的心情规划着自己的假期。如果假期较长，很多人会选择约上几个朋友一起去旅行，领略山川河流的磅礴气势，感受神秘异域的风土人情，不但开拓了自身的视野，学习了知识，而且还陶冶了情操，还可以将状态调整到最好，从而更好地投入到工作中去。不同的人选择的旅游目的地是不同的，旅游的方式也是有差异的，有的人喜欢自助游，有的人则喜欢跟团出游。

1. 自助游

有的人喜欢自己驱车赶往想要到达的旅游景点，这种旅游方式的灵活性和可操作性比较强，人们可以根据自己的意愿和需求来选择出行的路线，安排相应的行程。出发前他们会用野炊的用具、帐篷以及地图等物品将车的后备箱塞得满满当当，这为他们体验一次完美的出行打下了良好的基础。在去往目的地的路途中可以根据需要来选择是否停下来尽情欣赏沿途的风景。到达目的地后可以自行安排时间，所以一般自助游往往会玩得比较尽兴。

喜欢自助游的人性格比较外向，他们平时总是一副带有温和微笑的表情挂在脸上，使人看了都会情不自禁地想与其接近。这种人比较擅长人际交往，他们通常会主动与他人接近，在聊天的过程中非常注意方式方法，比如在与某人第一次见面时，他们会先聊一些例如天气等无关紧要的话题，然后自己很少说话，注意倾听和观察对方，从话语和动作等方面了解对方的喜好，进行有针对性地深入。当他们发现自己正在交流的这个人非常值得交往时，他们会认真地对待，并努力去争取与其成为朋友，而当他们发现对方与自己并不投缘时，他们会选择借机离开。这种人对朋友的依赖性很高，无论是高兴时还是失落时，他们都会与朋友在一起。高兴时，他们会与朋友们分享自己的快乐，失落时，他们会找朋友倾诉，从朋友那里得到安慰。对待感情，他们非常直接，对于自己喜欢的人就会主动去表达自己的爱慕之意，当他们被拒绝时，会有一段时间很消沉，但是这个消沉期往往非常短暂，而当收到积极的回应时，他们会备受鼓舞，一往无前，不达目的誓不罢休。

2. 跟团游

有的人喜欢跟着旅行团出游，在他们看来，跟团游除了比较经济划算，还能简化自己出行的准备，提供了很多便捷。跟团出游只要按照旅行社的安排进行即可，所以出发前不用自己规划行程。在沿途可以欣赏窗外的风景，困了累了也不用担心驾驶问题，身子向后一靠，轻松入睡。在游览的过程中会有导游讲解，能够从中了解很多新鲜的知识。喜欢跟团游的人对于旅行社的要求往往比较高，尤其是一些细节上的问题，比如餐饮、住宿等，所以在选择旅行社方面，他们会做出比较周详的考虑。

喜欢跟团出游的人性格比较内向，平时的话语不多，只有在与自己的知心朋友在一起时才会表现出自己开朗的一面。这种人喜欢较为安静的环境，因为在这种环境中他们不会受到打扰，可以任由自己的思绪飘向远方，而不必担心受到什么羁绊。所以他们往往会选择一些风景独特的深山老林或者风景如画的乡村小镇作为自己旅行的目的地，在这些地方无限亲近自然，感受生命，感受自我。这种人对待朋友非常讲义气，朋友需要帮助，他们会毫不犹豫地伸出援手。他们经常会为朋友考虑，这种换位思考的风格多会让朋友感到温暖。对待感情，他们比较含蓄，遇到自己喜欢的对象时，不会立刻表现出自己爱慕之情，而是会经历一个比较苦涩的暗恋阶段。在时机成熟时，他们也不会非常勇敢地去表白，而是会通过朋友或者一些小的信物来传情达意。家人对于他们来说是非常重要的，他们会为了家人而辛苦地工作，在家人遇到困难时，他们会倾囊相助，家人的幸福会让他们有一种满足感。

随着社会的发展，人民生活水平的逐步提高，旅游也日益火爆。旅游的形式多种多样，人们会根据自身的喜好和需求来进行选择，在这个选择的过程中，性格起到了一个很重要的作用，所以不同的旅游方式也体现了不同的性格，注意观察能很好地把握一个人。

❊从喜爱的宠物看人的性格

日常生活中，我们经常会在饭后看见小区里的一些人牵着一只小狗散步，主人的神情十分悠闲，小狗的尾巴也向上翘着摇个不停。养宠物已经是司空见惯的事情了，人们养小宠物不是为了赚钱，而是为了获得一种精神上的慰藉，一种心理上的满足。比如，有的人养一只小猫，是因为它会平时围着你的腿转圈，你抚摸它，它就会趴下，毛茸茸的，非常可爱。有的人养一只小狗，是因为它能陪伴着自己，给自己带来乐趣，消除一种孤独感。人们会根据自己的心理需求或者脾气秉性来选择宠物，所以从一个人养的宠物可以看出这个人的性格。

1. 狗

狗是一种常见的犬科动物，通常被称为"人类最忠实的朋友"，也是人们最愿意作为宠物饲养的一种动物。喜欢养狗的人性格比较坚强，他们总是一副非常坚毅的表情，给人们一种非常刚强坚定的感觉。在他们眼里，困难就像一座并不高耸的山峰，他们坚信自己可以通过自身的努力，最终登顶。令人们敬佩的是，他们在登上顶峰的那一刻不是狂欢，也不是完全放松，而是放眼眺望，寻找那座更高的山峰，勇敢地迎接下一个挑战。在很多时候，他们就像一个灯塔，指引着人们前进的方向。比如，生活中有人遇到了危险，他们会非常镇定。首先安抚住受惊的人们，然后冷静快速地思考，找到解决问题的方法，并非常明确地告诉人们该做什么以及怎么做，最终帮助大家脱险。这种临危不乱，救人于危难之间的行事风格使他们总是具有一种侠士色彩，为人尊敬和崇拜。他们对待朋友非常忠诚，从来不会为了利益而去出卖朋友，当朋友做出一些出格的事情伤害自己时，他们也会留给朋友一个解释的机会，不到万不得已不会轻易与朋友绝交。

美国总统奥巴马的宠物就是一只葡萄牙水犬，它是马萨诸塞州参议员泰德·肯尼迪作为礼物赠送给"第一家庭"的。几个世纪以来，勇敢而温顺的葡萄牙水犬一直被葡萄牙渔民所称赞。葡萄牙水犬有着惊人的耐力，是游泳和潜水好手，它体形中等、粗壮，可以全天在水中或陆地工作。另外，俄罗斯总理普京的爱犬"科尼"也是一个很好的例子。科尼是一条血统纯正的雌性拉布拉多猎犬，它曾多次随普京出席外交场合。拉布拉多猎犬是最值得依赖的犬种之一，不需额外照顾，不需剪毛，也不需要天天洗澡，因为它的毛发很短，所以是一种理想的宠物犬。这种狗在俄罗斯已经流行多年，被称为"真正男子汉"，拉布拉多猎犬也因此成为一种重要的政治犬。

政客的宠物总是能够从一个侧面显示出主人的公众形象。对葡萄牙水犬情有独钟的奥巴马就是一个有着很强耐力，并能在关键时刻稳定军心，做出及时而正确的决定的人。而普京也是作风硬朗，非常强悍的一名领导者。

2. 猫

猫是一种非常可爱的动物，在某种程度上，猫象征着一种高贵的形象，一种高傲的态度。喜欢养猫的人比较细腻，考虑事情比较全面，能够根据外界的实际情况做出相应的行动，所以武断和鲁莽从来不会发生在他们的身上。另外，他们在做事时非常懂得利益的平衡，所以很适合做调解工作，在争吵的双方进行有效的斡旋，最终获得比较理想的成绩。

美国前总统克林顿家的宠物猫"袜子"有"美国第一猫"的美称。"袜子"原本是只四处流浪的野猫，1991 年希拉里在送女儿切尔西上钢琴课时，在老师家外发现了这只野猫。她一眼看上了这只背部毛色漆黑、四个爪子呈雪白色的可爱小猫，并给它取名"袜子"。这只猫非常好动，经常与狗在一起斗智斗勇。1992 年，克林顿当选美国总统，"袜子"也跟随第一家庭来到华盛顿。

克林顿的执政风格颇有"袜子"的风格，非常讲究计策和谋略，在很多国家之间开展为美国谋求利益的政治斡旋，并获得了巨大的成功。

养宠物是现今生活非常普遍的现象，人们养宠物的出发点不同，所以选择的宠物也各有特色。但是有一个现象是比较普遍的，那就是宠物的脾气与主人相仿，这也是主人之所以选择宠物的主要原因。宠物尤人，人们可以从一个人喜欢的宠物洞察这个人的性格。

❊ 卧室的风格，主人的性情

房屋在设计上可以没有客厅，可以没有储藏室，也可以没有阳台，但是不能没有卧室。卧室是人们休息的地方，是一个人比较私密的空间，在那里隐藏着很多不为人知的小秘密。人们为了让卧室更加符合自己的要求，休息时更加舒服，会将卧室做一番非常细致的设计和装潢。有的人会将自己的卧室设计成非常温馨浪漫的风格，有的人会设计成舒适典雅的风格，还有的人喜欢前卫个性的风格等。人们在设计自己的卧室的时候，是根据自己的喜好和性格特点进行的，所以观察一个人的卧室，能够了解一个人的性情。

1. 温馨浪漫型

有的人喜欢把自己的卧室设计得非常温馨浪漫，例如，映入眼帘的是非常丰富和谐的色彩，然后是摆放整齐的物品，整洁干净的床，一尘不染的地板。这种风格的卧室墙上往往还挂有一些动漫人物的壁纸，显得非常可爱。窗帘的选择一般为暖色，给人一种非常温暖的感觉。一般会选择印有心形图案的床单，桌子上摆放的物品也有很多卡通元素。这种风格比较适合女性，通过一系列的设计能将女性温柔可爱的一面展现给人们。

喜欢这种设计风格的人性格比较温和，具有较强的亲和力，他们会用笑容去感染身边的人，尤其是第一次接触的人，会给对方留下极为深刻的印象。这种人的脾气非常好，总是一种非常平和的心态，不会因为外界的因素刺激而突然发脾气，即使有一些非常让人气愤的事情发生，他们也不会当场翻脸。尤其是在一些社交场合，他们非常懂得用幽默作为自己的挡箭牌，所以他们在公共场合总是表现得非常得体,可圈可点。对待朋友,他们总是很有耐心,朋友犯了错,他们会帮助其进行全面的分析。朋友错的时候,他们会用最合适的方式告诉朋友,在朋友受伤时,他们则会给予最为让人温暖的安慰。在家人眼里,他们绝对是乖乖仔或者乖乖女,他们非常喜欢和家人在一起。例如,一起在饭后看电视,一起去远方旅行,一起参加社会活动。这样他们能感到莫大的幸福,获得一种满足感。

2. 舒适典雅

有的人喜欢将卧室设计成舒适典雅的风格,这种风格的特点与温馨浪漫风格有相似之处,但是又有很多独特的地方。例如,这种设计风格的色调不是明快活泼为主,而是趋于平静、柔和,一般会以一些比较高贵的色彩为主,带给人们一种奇幻的神韵。这种风格会用素净、清雅的落地窗加上古朴质感的家具进行搭配,一种古香古色的感觉让人回味无穷。

喜欢这种设计风格的人性格比较稳重,他们不喜欢吵闹,钟情于独立安静的思考。在他们的书架上可以轻易地找到那些经典名著,广泛的阅读使他们在思考问题时总是拥有一种独特的视角,给人一种特立独行的感觉。但是他们的建议和方案却总是能够恰到好处,解决问题时非常好用。他们将事业摆在一个非常重要的位置,在他们看来事业是其他一切的基础,所以他们一直在努力打拼,为了那个充满希望的明天。

3. 个性风格

有的人喜欢把卧室装饰得非常有个性。例如,有的人会将很多摇滚元素加入到卧室里,在这样的卧室里,你会发现很多著名摇滚歌星的壁纸,桌子上会摆有很多摇滚的书籍或者画报,屋子的主色调也以酷酷的黑色为主;有的人会将运动元素融入到卧室,在这样的卧室里,你会发现球星海报无处不在,屋子的角落里一定有一个篮球或者足球,桌子上一定摆有某个球星的卡通形象玩偶。还有的人喜欢把艺术气息充满整个卧室,这样的卧室里会挂有某位著名画家的佳作,床的样式一定会以一种非常艺术的形式出现,桌子也可能会经过一番具有超现实主义的装饰。

喜欢用这种个性风格装饰卧室的人比较有个性,他们通常不会选择别人走的路，而总是去走一条属于自己的路。他们眼中的世界与他人的是截然不同的，所以他们在思考问题时总是会出现千奇百怪的答案，让人们匪夷所思。他们的情绪不是非常稳定，经常因为某些事情出现波动，自我控制能力较差。他们对待朋友的态度是多变的，忽冷忽热的态度，让朋友们经常无所适从。

一个人的卧室风格往往就是这个人个性特点的彰显，注意观察，能够很好地把握一个人的内心。

喜看什么类型的节目反映个性

现在很大一部分人在休闲时会选择看电视，电视节目的多样性，满足了很多具有不同需求的受众，使人们更加乐在其中。足不出户能够了解国内外新近发生的大事，领略异域风情，学习前沿知识，的确给人们的生活带来了巨大的便捷。电视的发展是迅猛的，改革开放以来，中国的电视业发生了翻天覆地的变化，无论是产品技术的更新，还是电视节目的制作，都使人应接不暇。人们对于电视节目的要求，也随着自身生活环境的变化而变化，但是大体上都是以个人的喜好为选择标准，所以一个人喜欢看什么类型的电视节目，往往能反映出这个人的性格特点。

1. 娱乐类节目

现在很多人都喜欢看娱乐类节目，这类节目是在国引进来的，而在我国呈现繁荣之势要从台湾地区的《综艺大哥大》《我猜》等节目开始。后来大陆的综艺娱乐节目逐渐与国际接轨，现如今湖南卫视制作的《快乐大本营》《越策越开心》《超级女声》等都深受广大观众欢迎。娱乐类节目的制作成本很容易控制，节目形式比较多样，内容轻松活泼，这都给了节目制作人和主持人很大的发挥空间。由于娱乐节目主要针对普通大众，不需要很高的文化水平，年龄限制也不是非常严格，因此受众群体比较庞大，收视率较高。

喜欢看娱乐型节目的人比较开朗活泼，他们是天生的乐天派。这种人非常清楚自己想要的东西和需要做的事，尤其体现在生活方式上，他们会将自己的生活规划得有条不紊，时间分配非常科学，哪天该做什么，哪天该休息都是非常清晰明了的，这使得他们看上去总是处在一种松紧适度、游刃有余的状态中。对待朋友，他们非常真诚，朋友有不开心的事，他们总是非常及时地出现，对其进行心理疏导，陪伴其渡过难关，这种不离不弃的做法，令人感动。当他们自己有困难时，也会非常主动地找到朋友倾诉，虽然有时朋友们并不能帮其解决实际的问题，但是能够使其内心得到抚慰，从而缓解了焦虑紧张等心理。

2. 时政类节目

有的人喜欢看时政类节目，这类节目的特点是以国内外新闻为依托，借助电视台的评论员对某些新闻事件的分析解答来表达一定的政治倾向，从而达到一种解答民众疑问，引导社会舆论的效果。时政类节目的风格比较严肃，但是随着社会的发展，民主氛围的日益浓厚，时政类节目的制作也开始寻求一种新的表现方式，比如，有的新闻播报和新闻评论都是以一种近似谈话类节目的形式出现的，从而使得观众更容易接受。另外，很多电视台邀请了很多著名的学界或政界嘉宾，这些人将一些高深的理论通过通俗易懂的语言表达出来，使那些没有接受过高等教育的人也能理解和接受。

喜欢时政类节目的人比较严谨，而且关注细节。这种人在看待问题时不会死板，而是会针对一个问题从多个角度进行分析，从而得出许多不同的结论，这样做往往会开拓人们的视野，从旧事物身上发现新东西。他们做事态度很端正，不会轻易地对某些问题下结论，而是会经过仔细的观察和周密的考虑才会表达自己的观点。在为人处世方面，他们很有章法，当他们新结交一个朋友时，他们会注重考验，因为他们相信“路遥知马力，日久见人心”。在与人相处时，他们非常注意一些不起眼的细节，因为在他们看来，这些细节往往是一些大事的关键点，所以人们在与其相处时总是会感觉他们非常细心。

3. 体育类节目

体育类节目的受众也比较广泛，这类节目的特点是活力四射，激情无限，让人感受生活的脉动。这类节目多以现场直播为主，比如足球、篮球、排球等，其比赛过程中的紧张、激烈将观众牢牢地吸引，满足观众内心的需求。这种类型节目的受众多以年轻群体为主，因为这些人往往是这些体育运动的从事者。

喜欢体育类节目的人比较热爱运动，是健康生活的倡导者，在他们看来健康是最重要的。他们平时喜欢养生，例如花草鱼虫，他们往往也很爱好。这种人非常懂得自我调节，所以心态总是十分平稳。

人们的性格决定了喜好，也是人们选择不同电视节目的决定性因素。电视节目的选择使一个人的性格、喜好在无形中流露出来，给人们提供了了解其内心世界的好机会。

对音乐的喜好暗含着他的情感

音乐欣赏虽然是一种由外而内的行为，但是其制作过程却是由内而外的。人类社会从什么时候开始有了音乐，已无法查考。但在人类还没有产生语言时，就已经知道利用声音的高低、强弱等来表达自己的意思和感情。随着人类通过劳动不断地进化，逐渐产生了统一劳动节奏的号子和相互间传递信息的呼喊，这便是最原始的音乐雏形。人们用有组织的乐音来表达思想感情、反映现实生活的一种艺术形式就是音乐。音乐是人们内心的感受、审美情趣、生活阅历的一种展现方式，传达的是一种感觉，一种心情，一种思想，因此能够感染听者，这就使人们之间实现了心与心的交流。音乐是人们抒发感情、表现感情、寄托感情的艺术，不论是唱、奏或听，都暗含着人们的情感因素。

1. 抒情歌曲

抒情歌曲在节奏上比较舒缓，而且被演唱者赋予了较为丰富的感情，人们在听这种音乐的时候往往会被作词作曲者或者演唱者在歌曲中表达的感情所感染，尤其是那些经历过歌曲所描绘的情境的人，更是能在心中产生一种共鸣。

喜欢听舒缓的抒情歌曲的人，性格上比较多愁善感。从佛洛依德的精神分析角度看，这种人自我往往会被本我和超我所控制，也就是说他们的理性往往在情感的波动面前变得缺乏控制力，所以自身的行为很容易受到外界的影响。一个阳光明媚，碧空万里的日子，他们很可能是一种轻松愉悦的心情，而当乌云逐渐遮盖了太阳，天空淅淅沥沥地下起雨来时，他们会感到一种莫名的伤感。他们与朋友相处，也总是一种找感觉的状态，当感觉对了，他们会与朋友相处得非常融洽，而当感觉错位时，他们会变得急躁，易怒，容易感伤，与朋友之间的关系也会出现较大的起伏波动。

2. 古典音乐

古典音乐的特点是其复杂多样的创作技术和所能承载的厚重内涵，从而有别于通俗音乐和民间音乐。古典音乐不同于流行音乐的地方是它内涵深刻，能发人深思，更能使人高尚，免于低俗。古典音乐是历经岁月考验，久盛不衰，为众人喜爱的音乐，是一个独立的流派，艺术手法讲求洗练，追求理性地表达情感。

喜欢古典音乐的人性格比较内向，有较高的文化素养。这种人比较不善于交往，外加他们的社交范围比较窄，所以他们的朋友很少，经常只局限于几个比较要好的朋友。他们的生活状态是比较超脱的，在物质层面和精神层面，他们更偏重于后者。即使他们很贫穷，只要还有精神支撑，也不会被残酷的现实击倒。他们的内心有一种令人感动的执着，这种执着让他们抛开外界的影响，为了自己的追求一往无前。

3. 民歌

民歌原本是指每个民族的传统歌曲，每个民族的先民都有他们自古代已有的歌曲，这些歌绝大部分都不知道作者是谁，而以口耳相传至今。但是如今民歌已经在不断地发展，很多原创在人们的精心制作下登上舞台。此时的民歌已经不再局限于先民传颂的歌曲，而是一种非常具有民族特色的，和人民的社会生活有着最直接最紧密联系的音乐形式。民歌的作者是人民群众，它是无数人的智慧结晶，具有简明朴实，平易近人，生动灵活的特点。

喜欢听民歌的人比较有个性，他们崇尚一种亲近自然的生活状态，经常忘情于山水，尤其是沉醉在那些让人流连忘返、美不胜收的美景之中。这种人不喜欢被束缚，尤其是工作上，喜欢做自己感兴趣的工作，如果有人对他们的工作进行毫无根据的干涉，那么他们会非常生气，最常见的反应是辞职或者消极怠工以示抗议。他们和朋友在一起是最自然的，他们的真诚让朋友感到温暖。朋友们经常会将自己内心的秘密拿出来与其分享，这也使得他们的消息总是非常灵通，当然他们会为朋友保守秘密。

音乐的品味与人的生活阅历、审美情趣、人际关系等，有着千丝万缕的联系。所以制作什么样的音乐和欣赏什么样的音乐能够自然而然地流露一个人的情感和心理。

运动休闲，力量型还是柔韧型

俗话说“生命在于运动”，这里具有充分的科学依据。运动能够促进人体的血液循环和营养的吸收，以及身体的新陈代谢。另外，体育运动对心理的健康发展也是具有很大积极作用的。例如，运动能够帮助人们树立信心，培养一种稳定的情绪，还能促进智力的发展等。适当的运动不仅给人们的生理和心理上带来了很多好处，而且可以使一个人更具有活力，给人一种健康阳光的形象。运动休闲已经成为了上班一族较为时尚的生活方式，不管是力量型的运动还是柔韧型的运动都能在一定程度上反映一个人的性格。

1. 围棋、象棋、桥牌

这些运动往往需要冷静的思维，都是智慧、心理和技术并用的运动项目。另外，这些运动不需要与他人进行比较默契的配合，所以属于一种提倡单兵作战的运动。这些运动外表上看似平静，但都具有比较激烈的脑力对抗，需要冷静的心态和一种处变不惊的从容。

喜欢从事这些运动的人性格比较沉稳，但又不缺乏激情。这种人在做事时非常谨慎，他们考虑问题会将现有的和预知因素都考虑进来，然后再从不同的角度进行分析，根据利弊取舍做出决定。他们将生活看成一场比赛，每个环节都需要一种正确的态度和心态，遇到颓势时，要提醒自己鼓足勇气，顶住压力，穿越黑暗，拥抱光明。尤其是在遇到一些艰难的处境时，他们总是能够以一种乐观的心态去面对，从来不会因为一时的困难愁眉苦脸。他们对待朋友非常真诚，能够将心比心，所以总是在朋友需要的时候及时出现，伸出援手，给人以贴心的温暖。

2. 游泳、溜冰、滑雪

这些运动的特点是需要比较好的身体协调性，在速度中展现技术，体验激情。这种运动不像足球、篮球，而是只需要一个人单兵作战，这更需要一颗非常坚定的心，一种压倒一切的气势。另外，这些运动同样需要一种非常冷静的心态，如果过于急躁，则会出现难以预测的状况，导致发挥失常，最终失败。

喜欢这类运动的人性格比较坚韧，他们通常不会因为一次摔倒而气馁，在哪里跌倒就从哪里爬起来，拍一拍身上的尘土，继续前行。他们在社交方面很有见地和方法，越是重要的场合，他们越能够放得开，表现得非常潇洒自如。与人交流时能够做到尊重对方，并且循序渐进，不急不躁，给人留下较为良好的印象。这种人对待朋友很诚恳，不会向好友撒谎，如果有不便直接讲出的话，他们会通过适当的方式将信息传递给朋友，获得朋友的理解。他们身上最大的闪光点就是有非常强烈的责任感，对于自己身上出现的错误能够勇于承担，不会找各种理由和借口去推卸，这使得他们能够为人们所信赖，放心地将事情托付给他们。

3. 跳绳、广播操、俯卧撑

这些运动都比较简单，容易操作，在任何场合都可以进行，而且不需要多大的技术性。这些运动更是适合那些工作一族的生活方式，在晚饭后简单地锻炼一下，能够非常好地缓解压力。这些运动的特点是坚持，如果每天都能很好地坚持，那么能非常有效地提高身体素质，强健自身的体魄。

喜欢这些运动的人有比较充足的信心，这使得他们在很多情况下能够使自己有比较充分的发挥。他们平日里做事比较果断，讲求效率，质量也很高，所以给人们一种雷厉风行的感觉。尤其是工作上，他们能够统筹安排，按部就班地完成上级下发的任务，所以即使任务繁重，也不见其手忙脚乱，而总是一种气定神闲的姿态和忙而不乱的状态。他们对朋友比较信任，一旦认定为自己的好朋友，那么他们会对朋友说的每一句话都给予高度的信任，但是一旦被朋友的谎言伤害，他们不会和朋友纠缠，而是选择放弃。

运动可以强身健体，运动可以成为生活的调节阀。在现如今这个快速发展的社会中，在人们日益忙碌的情况下，运动对一部分社会群体来说是非常奢侈的，然而运动绝对是必要的。运动的方式很多，人们的选择体现了人们的心理，注意观察，能够把握一个人的内心活动。

❀ 阅读什么书，体现不一样的心理特征

高尔基曾说："每一本书都是一个用黑字印在白纸上的灵魂，只要我的眼睛、我的理智接触了它，它就活起来了。"雨果曾经说："教育！科学！学会读书，便是点燃火炬；每个字的每个音节都发射火星。"朱熹曾经说："读书无疑者，须教有疑，有疑者，却要无疑，到这里方是长进。"关于读书的名言警句从古到今都是层出不穷，阅读书籍不仅能丰富一个人的知识体系，而且能很好地陶冶一个人的情操。选择什么书，注重作者还是偏重内容都体现了一个人的心理特征。

1. 小说

小说是文学体裁四分法中的一大样式。它是通过塑造人物、叙述故事、描写环境来反映生活、表达思想的一种文学体裁。小说的种类有很多，有爱情、科幻、武侠等，人们可以根据自身的喜好来选择不同的小说进行阅读，从而满足自身的心理需求。

喜欢读爱情小说的人生性比较乐观，他们喜欢凭自己的感觉做事，如果

他们找到感觉，那么他们会怀着浓厚的兴致去做手头的事情，但是如果经过几番努力还是找不到感觉，那么他们会选择头也不回地离开。喜欢看科幻小说的人比较有幻想能力和创造性，他们对前沿科技非常着迷，总是怀着浓厚的兴趣去进行相关的了解。他们的求知欲也很强，所以他们节假日里会选择在书籍的海洋里徜徉，饱读诗书让他们经常出口成章，令人佩服。喜欢读武侠小说的人追求比较洒脱的人生，他们愿意接受各种各样的挑战，从中寻求刺激，来满足自身的需求。

2. 散文

散文是与诗歌、小说、戏剧并称的一种文学体裁，指不讲究韵律的散体文章，包括杂文、随笔、游记等。散文是最自由的文体，不讲究音韵，不讲究排比，没有任何的束缚及限制，也是中国最早出现的行文体例，现代散文讲究形散神不散。

喜欢读散文的人情感比较丰富，他们经常会触景生情。比如他们在散步时看到了一些乞丐，那么他们会联想起很多悲伤的场景，不断地悲叹。当他们看到湖里的鸳鸯在戏水时，他们会联想到爱情的甜美，不禁非常向往或者备感甜蜜。他们非常喜欢和朋友们交流，和朋友在一起讨论一些大家都感兴趣的话题，不但增长了知识，而且促进了感情，并且使自己从中获得一种满足感。家人对于他们来说是非常重要的，家庭是他们从事各种事情的坚强后盾，每当他们在外面遇到困难而抑郁时，都会从家人那里得到极大的慰藉，从而顺利地摆脱心理阴影。

3. 报纸期刊

报纸期刊的内容与生活的贴近程度比较高，尤其是报纸，每天都会介绍新近发生的事情，让读者从中获得信息。期刊则是按照一定的时间跨度来进行出版，例如每周一期、每月一期或者每季一期等。期刊的制作较报纸更为精美，由于制作周期较报纸要长，所以其质量往往都是比较优质的。

喜欢看报纸期刊的人比较关心国内外大事件，使自己时刻与时代同步，不甘落伍。这种人思维比较敏捷，他们经常能从一些报纸上的新闻中找到社会的脉搏，然后做出有针对性的行动。例如在一些投资理财方面，他们经常能都用较少的资金赚取较多的报酬,颇有四两拨千斤的气势。他们非常注重人脉,把朋友看成一种长期投资,他们深知自己想要取得成功,一定离不开朋友的协助,所以他们总是非常精心地经营着与朋友间的情谊。

4. 诗歌

诗歌是有节奏、有韵律并富有感情色彩的一种语言艺术形式,是一种抒情的文学体裁。它以抒情的方式,高度凝练的语句,集中地反映社会生活,用丰富的想象、富有节奏感、韵律美的语言和分行排列的形式来抒发思想情感。

喜欢看诗歌书籍的人热爱生活,在他们的眼里,大自然是最美好的,蓝天、高山、大海都是具有生命力的。他们向往一种充满朝气的,令人心旷神怡的生活环境,一种无拘无束,与大自然融为一体的生活状态。他们非常厌恶那些庸俗、低俗、恶俗的事物,崇尚高雅和洁净。

阅读书籍,能够使人充实,同时也可以塑造性格,这种潜移默化的作用是不可估量的。人们选择书籍往往都是根据自身的兴趣爱好,人选择了书,书影响了人,阅读书籍,陶冶自己,领略他人。

下篇

攻心术——三言两语影响他人

第九章

说好沟通的话，打开对方心扉

人们都知道，打开一个人的心扉绝非易事。人们在与陌生人或者新朋友接触的时候，心中会不自觉地竖起一道“隔离墙”，以保证自己处在一个安全的范围内。事情困难，但并不是说这是一项不可能完成的任务。打开一个人的心扉，需要很多技巧；遇到一些突发的尴尬场面，需要运用机智幽默的方式为自己解围。那么，具体该怎样做呢？

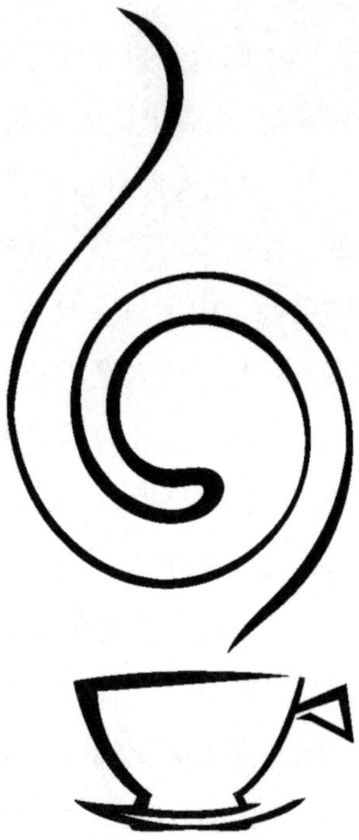

❁说话有“礼”,博得欢心

礼在世界范围内都是很被重视的,这也是国际交往中一项不可或缺的标准。美国总统林肯曾经说过“我们想要涵养公正的品德,就应养成一种‘不苟’的优良习惯”,美国著名报人贝内特曾经说过,“强烈的求知欲和求美欲发展下去就是修养”。我国自古以来就是一个礼仪之邦,礼在中国古代是社会的典章制度和道德规范。《礼记·曲礼上》记载“礼尚往来。往而不来,非礼也;来而不往,亦非礼也。”在我国古代,礼作为典章制度,是社会政治制度的体现,是维护上层建筑以及与之相适应的人际交往中的礼节仪式。作为道德规范,它是国家领导者和贵族等一切行为的标准和要求。

中国人在讲礼貌上首先体现在重礼节,与熟人或者长辈见面会握手或者鞠躬,纵观中国人的礼,不仅限于这些表面现象。例如,在地铁里,有老人上车,年轻人会将自己的座位让给老人,这种克制自己的素养是由内而外的。在狭窄的道路上减速错车时,中国人会互相打手势致意,这是一种谦让的美德。中国有个笑话说,甲踩了乙的脚,乙却说:“对不起,硌着您了。”其实这也是中国人素质的一种体现。

中国人的礼仪给了世界人民一个良好的印象,人们都认为中国人是比较容易接近和交流的,这也为中国的外交打下了一个良好的基础。其实,人与人之间交往,一个礼貌的细节往往能够给人们留下良好的印象,从而为进一步的交流做良好的铺垫。当一个人非常礼貌地和他人交往时,对方会感到自己被尊重了,此时对方的内心会有一种要以同样的方式对待这个人的冲动。而当彼此都以礼相待时,那层“隔离墙”无形中被削薄了,此后再进行进一步的交往,就离打开对方的心扉更近一步了。

唐朝段秀实担任都虞侯，将郭晞部下十七名为害地方的士兵处死，激起郭晞所辖部队士兵的仇恨。段秀实只带一名老兵，深入虎穴，到郭晞军营说明原委，他先讲郭子仪"勋塞天地"，然后再讲他执法是为了维护郭晞及其父亲郭子仪的威信。使郭晞放弃前嫌，"化干戈为玉帛"，并严令保护段秀实的人身安全。

殷秀实的做法激起了郭晞的愤怒，但是他用"礼"来对待郭晞，并晓之以理，动之以情，最后将郭晞说服。殷秀实的成功不仅是由于他不畏强权，很有胆识，更是由于他说话有礼貌。试想，如果说话缺乏礼貌，甚至于恶语伤人，很可能就会导致人际关系恶化或破裂，甚至导致大动干戈。

我国自古以来就有礼的传统，比如，儒家的理想封建社会秩序是要求人们的生活方式和行为符合他们在家族内的身份和社会、政治地位，不同的身份有不同的行为规范，这就是礼。礼貌虽然是人际交往中外在的表现，但它与人的文化修养、道德水平、文明程度密切相关。礼貌是文化和道德修养之表，文化和道德修养是礼貌之里。

在与人交往时，要想打开对方的心扉，就要先讲个"礼"。人们之间的交往是以尊重互为前提的，不损害对方的尊严，同时又保持自尊，这是交往最基本的前提，也是为加深交往，打开对方心扉所做的铺垫，因此说话时不要忘记讲"礼"。

❊ 谈及对方"在行"的话题

在交谈中，每个人都会根据自己了解的事物和所掌握的知识组织语言。当一个人遇到自己不熟悉的话题时，他们会表现得比较谨慎，尽量少地去发表一些言论，以避免出丑。而当人们触及一个自己非常熟悉的问题时，他们会自然而然地说出许多与之相关的内容，在这个过程中，人们的兴趣也被激发了出来，从而更加愿意与眼前的这个人交谈。这样一来，话匣子就被打开了,也为打开一个人的心扉铺好了道路。

小李是一家公司的业务员,他工作努力,总是兢兢业业,但是成绩平平。他在与客户接触时,非常礼貌,在谈业务时也非常专业,能够将公司的产品介绍得面面俱到,然而他却不能很好地将客户留住。后来人们发现小李的行事风格过于拘谨,在与客户闲谈时也总是围绕着公司的产品,久而久之使人备感乏味,最后竹篮子打水——一场空。

很多人都强调做事要讲究章法,要从形式上进行创新,这种想法是很必要的,因为合适的方法往往能够达到更好的效果。小李的态度是端正的,没有任何可以挑剔的地方,但是他的方式是有待推敲的。如果小李在工作时注意客户在行的或者感兴趣的话题,并把这些话题作为突破口,效果应该要好得多。

小张是公司的一名职员,他的业务能力很强,最为突出的就是他能够与客户取得良好有效的沟通。每次与客户接触时,他都会提前做好准备,例如了解客户从事的职业和兴趣爱好等。在与客户接触时,他总是先从客户所从事的职业或者感兴趣的话题谈起。假如客户是从事记者工作的人,那么他一定会与其分享很多最近社会上发生的新鲜事;假如客户是一个足球迷,小张总是能不假思索地说出很多世界顶级球星。找到客户在行的话题和兴趣点是小张工作的杀手锏。这使得他在与客户接触时总是如鱼得水、游刃有余。

与小李相比,小张的工作态度端正,工作方法更是值得提倡。他非常注意与客户沟通的方式,以客户在行的话题作为敲门砖,逐渐与客户拉近距离,从而打开客户的心扉,建立一种信赖,这都为工作的顺利进行打下了良好的基础。善于发现人们的兴趣点和人们在行的话题,是一个人才智高超的体现。人人有展现自己的欲望,都希望自己的优点能被别人发现,当这些优点被他人肯定时,人们会获得一种满足感和成就感,从而对成功点击其亮点的人产生好感。这样一来就会消除彼此间因为陌生产生的隔膜,为打开对方的心扉奠定一个比较稳定的基础。

当一个人想通过与别人的接触交流而打开对方心扉时,除了微笑这些基本的礼貌之外，还要注意交谈的内容，最好的开篇方式就是简短地聊一些别人擅长或感兴趣的话题，投其所好。这样做会让别人心里感到很受用，听起来比较舒服，同时也会赢得别人的友谊。

例如，老年人都喜欢怀旧，回忆过去那些美好的时光。尤其是那些他们年轻时获得的成就，能够让他们瞬间找回当年的感觉。中年人一般都是事业有成者，因此说他的事业、房子、车子以及子女等，无疑是最佳的选择。对于小伙子，则应该谈谈未来，谈谈理想。对于年轻女人，说说她的长相、发型、化妆品等，这些是年轻女人最关心的话题。

在谈话的时候，找准谈话的切入点，这是与人交流时非常关键的一步。换句话说就是要找感觉，当你找到了和对方谈话的感觉，那么后面进行的谈话就会变得顺畅。当你与别人沟通时，能够找到切入点，并抓住这种感觉，认真地倾听对方的讲话，并询问一些对方在行的话题，那么对方对你的好感就会逐渐生成。在谈话中不断培养这种感觉，能够逐渐取得对方对你的信赖，从而打开对方的心扉，使其将自己内心的故事愿意与你分享。人们都喜欢谈论自己，都有一种让自己成为焦点的冲动。所以，如果一个人愿意抽出时间来了解别人感兴趣的话题，那么这个人一定会成为一个非常受欢迎的人。

与人沟通，创造好氛围很重要

与人沟通时一个重要的问题要引起足够的重视，那就是交谈的氛围。沟通需要恰当的氛围，因为人们的心理往往会受到周围环境的影响。当氛围和谐时，人们会有愉悦的心情，会感到精神放松。在这种情绪的助推下，人们会乐于交谈，会将自己内心的故事拿出来与大家分享。而当一个人心情郁闷时，他往往会选择一个相对安静的环境，避开人们的打扰。当有人找到他们并与其进行沟通时，他们通常会紧闭心门，这时想让其说出几句最为简单的话都是极为困难的。如果有人急于求成,在气氛没有调节好的情况下就单刀直入,往往会适得其反。所以在交谈时,千万不要忘记调节氛围,这是为交谈奠定良好基础,打开对方心扉的有效途径。

小张是一家公司的销售人员,她到公司后非常努力地工作,但是她仅仅凭借一腔热情去冒冒失失地拜访客户,然而因为大多数客户都会对这样冒昧的推销产生严重的抗拒和排斥情绪,所以这些努力很少取得比较满意的效果。在经历了数次销售失败后,她开始总结教训,后来她非常注意调节与客户交流时的气氛,给客户一种放松的心情,将客户的负面情绪消除或者降到最低,从而有效地消除了与客户间的隔阂,使整个沟通过程畅通无阻。另外,小张在与客户沟通时尽量少用商业气味太浓的语言和动作,站在客户的立场上分析问题,感性地与客户沟通。从此,小张的工作非常顺手,业绩也扶摇而上。

小张在经历过数次销售失败后,经过细心地总结,找到了答案,并最终通过氛围的调节获得了沟通的成功。消除隔阂、减少心理阻碍,是销售人员一直在苦心思索的一个难题,也是人们在沟通时需要思考的一个问题。创造一个畅通无阻的沟通氛围,是保证沟通渠道畅通的重要途径,如果没有畅通的沟通渠道,人们不会取得理想的沟通效果。所以不要忽视沟通时氛围调节的重要性,这是建立良好的沟通,打开对方心扉的重要前提。

小李刚从学校毕业便通过自己的努力争取到了一份工作,但是小李没有什么工作经验,到公司后的一个月时间里,一直不能离开老员工的带领单独上岗,这使他很着急。为了不给公司拖后腿,也为了让自己赶快适应,他经常加班加点到很晚。公司的刘经理见状,便找其谈话。小李一进办公室,便被当时紧张的气氛束缚住了,他脸涨得通红,支支吾吾,半天答不上一句话,谈话根本无法进行下去。刘经理后来通过他人全面了解小李的情况之后,心中有了底。

第二天,刘经理直接找到小李,在空闲时将其叫到一旁与其交谈,就像拉家常一样从其家庭、学习情况,到其对职务岗位的认识和了解。慢慢地,小李打开了心扉，话也多了起来，他的内心受到了鼓舞，从此，小李在工作上进步很快，不久就能单独上岗了，而且很快就得到了提升。

从上面这个例子不难看出在试图与人进行交流时，氛围的调节是万万不可缺少的。刘经理第一次与小李交谈的地点选择在办公室，这让小李感觉自己做错了事情，本来自己的工作能力就饱受质疑，如今面对经理的面谈，他更是慌了神，别说交谈了，让他说上几句话都很困难。然而在刘经理转变了沟通方式，创造了另一种氛围后，情况就完全不一样了。在闲暇时与小李聊天，这种轻松的形式，让领导没有了高高在上的感觉，而像一个亲密的朋友。在这样的情况下，小李没有了心理负担，从而使沟通得以顺利进行。

每一个人在与他人交流时都会或多或少地在乎自己所处的环境是否安全，所以人们经常会在交流之前在心中竖起一道“墙”，这道墙是出于保护自己的目的，但无形中阻碍了沟通的进行，交流都不能顺畅地进行，就更别提打开心扉了。所以要想在沟通中将这道“墙”推到，就要营造一个良好的氛围。人们在感到放松时，往往会放松警惕，这时候再将其感兴趣的话题抛出，就会事半功倍。这种由外而内的方式是便于操作和行之有效的。

对他人的尊重是用心倾听

没有人不喜欢听好话，但是过于明显的恭维不但不能达到预想的效果，而且有时还会招致人们的反感。所以不要刻意地去恭维，换一种更为自然的方式去博得人们的好感，例如倾听。倾听是一种精神状态，这种状态表现出听者的虚心、耐心、诚心，使讲话者感到自己正在被别人重视，受到了尊重，从而更加愿意与眼前的这个人进行沟通。所以倾听无疑是沟通的必要组成部分，是对他人的尊重，是打开对方心扉的重要前提。

一个人想成为一个善于与人沟通的高手，就得先做一个倾听高手，因为要使别人对自己感兴趣，就必须先对别人感兴趣。注意倾听是与他人进行沟通的一个重要技巧，这是博得他人信赖的最简单的方法。众所周知，最成功的处世高手，通常都是最佳的倾听者。

专心地倾听他人讲话往往是对一个人最大的赞美，无论讲话的人是上司、下属、亲人或者朋友，倾听都会使他们感到自己受到了尊重。因为人们通常会期望与别人分享自己感兴趣的话题，所以当我们对别人所说的话给予高度注意时，往往体现出对其本人的重视，所以会使其感到心情愉悦，在心理上不排斥对方，这就为进一步与其接触埋下了伏笔。

全球最大的毛料供应商朱利安·戴默有一次碰到了一位怒气冲冲的顾客。这位顾客在欠钱之后拒绝信用部门让他偿付欠款的要求，并只身来到戴默的办公室，扬言不但绝不付款，而且不再从戴默那里进货。戴默非常耐心地听完这个人的话，然后说："非常感谢您告诉我这些话，因为我的信用部门会冒犯您，肯定也会冒犯其他顾客，这太糟糕了。"这名顾客在听了戴默的这句话后，心中的愤怒已经消失了一大半，本想大闹一场的顾客，心中的愤怒在戴默的耐心倾听中化解了。

戴默的倾听让这名顾客从愤怒到平静，很好地化解了矛盾。试想，如果戴默面对这名顾客时不管不顾也跟着歇斯底里地咆哮，那么这最终会演变成一场闹剧，最终非但不能找到问题的解决办法，而且会使关系陷入僵局，更不利于业务的开展。

人们在与他人接触的过程中，有时会遇到对方状态不佳的情况，这时，大家通常会产生紧张情绪。那么此时，倾听的作用就显现出来了，倾听使对方通过倾诉逐渐缓和紧张的情绪，此时气氛也随之逐渐放松了，这就为解决问题，增加沟通提供了一个良好的环境。通过沟通，人们之间相互理解，因此能够避免很多不必要的纠纷。

有的人在面对朋友的愁事时，会绞尽脑汁，出谋划策，不停地在说着自己的建议，争取能够帮助朋友尽快地解决问题。这种方式的出发点是好的，然而，他们没有考虑到的是，在这个过程中，对方本来就杂乱的思绪会更加混乱，解决问题的方案迟迟不能推出，问题不能得到有效的解决。所以，与其非常焦急地为朋友提建议，不如，集中精力倾听朋友的诉说，让其自己将思路捋顺，倾听者将自己的想法保留到最后，并有针对性地提出，这样效果反而会更好。

倾听能够传达一种尊重与关注，能够创造一种安全温暖的气氛，使诉说者打开自己的心门，开放自己的内心，更加坦率地表达真实的想法。

创造出惺惺相惜的心理“磁场”

与人交流，运用适当的技巧来拉近双方的心理距离是非常必要的。共同的兴趣爱好和对方在行的话语固然重要，但是一些能够制造惺惺相惜的心理状态的话往往能够起到事半功倍的效果。所以人们可以试着通过这种方式，让对方在心理上消除由于陌生而产生的隔膜，为进一步地交流消除障碍。

小芳是一家公司的业务员，她做工作非常讲究方法，尤其是在与客户的沟通方面。一次一位中年妇女前来咨询业务，小芳非常热情地接待了她。小芳并没有整篇地介绍自己的业务，而是时不时地加入一些与业务无关的家长里短。通过这些轻松的聊天，不仅使客户对小芳产生了一定的好感，更加愿意与小芳进行进一步的交谈，而且使小芳了解到这名客户的家里有两个孩子，并且在为与孩子的沟通和孩子的教育问题担忧。这时小芳结合自己的阅历积累说了一些非常有针对性的话语，例如向这名客户介绍如何加强孩子的兴趣培养，如何和孩子做朋友等，这让客户感到豁然开朗，与小芳产生了共鸣，最后客户非常高兴地购买了小芳公司的产品。

小芳讲话很讲究策略，本来只是一位前来咨询的客户，最后通过小张的谈判，成功地使这名客户购买了自己公司的产品。小芳的工作方式是非常值得人们去学习的,有的人工作态度非常端正,一直努力将自己的业务练得非常熟练,一丝不苟、兢兢业业,然而,客户反而会经常因为这些枯燥无味的条例而感到厌烦,导致双方谈不拢,最终失败。

生活中的交往,与谈客户差别不大,甚至很多时候要容易得多,因为生活中的交谈往往在一些比较轻松的环境中进行,这为两个人的促膝交谈提供了良好的条件。所以只要在交谈过程中努力了解对方的意愿,根据对方的想法进行有针对性的交谈,与对方产生共鸣,制造惺惺相惜的心理"磁场",往往就能打开对方的心扉。

小刘是一家电视台的记者,为了采访一位对政府政策不满的市民,他经历了几次波折。在第一次采访时,他在报出自己的身份和来意之后,马上吃了闭门羹。但是小刘并没有气馁,对这位市民的背景进行了一番分析之后再度出击。第二次,他找到这位市民,态度和语气都非常客气,并且一直在强调自己不代表任何人,只是想了解一下情况,并向其保证一定会帮助他解决问题,这才勉强获得了到这位市民家中进行采访的机会。小刘首先开口,从这位市民的角度去理解政府的政策,这让这位市民立刻产生了共鸣。他觉得这位记者通情达理,能够深入体察人们的切身感受,于是将自己内心的不满全部道出。通过沟通,小刘才弄明白这是一个误会。小刘又从另一个角度对政府的政策进行了解读,使这位市民受到了一定的启发。最后通过小刘的进一步努力,这位市民放弃了自己之前的抵触态度,小刘成功地完成了采访任务。

小刘是一个非常敬业的记者,同时也是一个能力非常强的记者。他通过自己的努力将人们内心的疑惑解答清楚,然而,这个过程是非常困难的。于是小刘通过站在市民的立场上分析问题,让市民内心产生一种惺惺相惜的感觉,这样一来记者和被采访者之间就没有了隔阂,沟通得以顺利进行。很多时候,人们之间产生矛盾,并不是因为真正的利益冲突,仅仅是误会,这时,带有一些技巧的沟通就显得尤为重要了。

社会是由人组成的,人们彼此间的互相联系构成了这个社会,所以人们无时无刻不在与周围的人发生着联系。要想获得成功的沟通,不仅要本着一种非常真诚的态度，而且要讲究一定的交往方法。在试图打开一个人的心扉时，不要急于求成，因为这往往会适得其反。要循序渐进，努力制造一种氛围，用适当的话语制造一种惺惺相惜的感觉，这种方式虽然进行得悄无声息，却很有成效。

人的内心是一个很神奇的东西，当我们理性地分析一些问题时，心里往往并不服从这种想法，最终会由于内心的冲动，将理性打破。所以当人们试图从内心攻破对方的心理防线时，可以制造一种惺惺相惜的磁场，使人们不由自主地去选择，这种心理影响的效果经常是最明显的。

不要直奔主题，要学会"敲边鼓"

很多时候人们喜欢开门见山，见面后马上将自己内心所想告诉对方，这种直奔主题的方式往往被人们称为爽快。这种讲话方式虽然很直白，很有效率，但是很多时候，这种说话方式是不被人们认可的。例如，在交谈时很多话题比较敏感，或者有的人是"慢热型"，需要一种渐进的接触过程，这时就不能再直奔主题，而是要绕行，通过"敲边鼓"的方式，在心理上设置一个缓冲地带，逐渐接近主题，最后使听者有机会完全接受自己，打开对方的心扉。

康斯坦丁·沃尔涅是法国的革命家，1797 年夏天，他去拜访美国总统乔治·华盛顿。沃尔涅为了能够获得周游美国各地的权力，便请求华盛顿为其开一张介绍信。这让华盛顿左右为难：如果他开了，就是假公济私；但是如要不开，又会抹了他的面子。沃尔涅看出了华盛顿的心思，他决定绕过主题，对华盛顿说："我不用那么正式的介绍信。"华盛顿听后笑了，最后在纸上写上了这样一句话"康斯坦丁·沃尔涅不需要乔治·华盛顿的介绍信"。

沃尔涅的做法是非常讲究技巧的，他充分考虑到了华盛顿的难处，但是他毕竟要达到自己的目的，于是他换了一种请求方式，用敲边鼓的形式给了华盛顿一个台阶。这张介绍信不仅实现了沃尔涅周游美国各地的愿望，而且又避免了华盛顿被人们说成假公济私而影响声誉的事情出现。

生活中很多时候要做出学会“敲边鼓”，因为直奔主题往往会产生一种尴尬或者无法挽回的损失，所以很多时候需要人们用一种耐心和一些智慧，巧妙地将问题道出，解决问题，逐渐拉近彼此间的距离，最后打开对方的心扉。

小张是一个非常正直、工作态度非常端正的男青年。小丽是一个非常温柔，很知性的女性。两个人通过朋友介绍，认识时间不长，然而就在这短短的几天内，两个人的内心就感觉心灵上产生了较为强烈的撞击，彼此间的好感与日俱增。小张好几次想表白，但是不知道小丽是不是会有积极的回应，因此一直在犹豫。为了摸清小丽的内心，平时在一起时，小张就通过不同的话语旁敲侧击。通过几次试探，小张发现小丽对于自己的回应还是比较积极的，于是感觉到有一定的胜算。之后小张和小丽谈得比较深入，小丽逐渐明白了小张的意思，感到既兴奋又害羞，最终答应了小张，成为了他的女朋友。

从小张和小丽的例子中不难看出，用“敲边鼓”的方式代替“直奔主题”能够给自己和对方很多回旋余地。在这个过程中，人们可以通过一些话语进行试探，从而更有针对性地进行话语选择，进而达到一种沟通的目的。在很多影视作品中对于爱情的展现都是非常婉转含蓄的，尤其是那些男女之间以一种非常羞涩的状态互相接触的时候，总是能给人们留下深刻的印象，给人们以隽永的回味。而那些非常直接的表白虽然能给人们以较为明显的心理冲击，但是在事过不久就会被人们淡忘。这种委婉含蓄地敲边鼓的方式总能让人们产生话外音的联想，使人们有一个自我思考的空间，所以能够为人们推崇。

日常生活中，“直言”和“绕行”各有用武之地。通常，在家里，在亲朋好友之间，可以有什么说什么。在其他场合，或对不很熟悉的人，说话时就要谨慎一些了，可以适当地使用一些委婉语言。一般来说，人们心直口快地直接切入主题时，会给人一种非常诚实、正直的感觉。但是很多时候，不管什么场合、面对什么人，开口就说一通，很容易造成误会。另外，并不是所有人都是这种性格，不是所有人都能接受这种说话方式。因此，在与人沟通或者交流的时候要先摸清对方的脾气秉性，如果对方是习惯循序渐进类型的，就要有耐心，通过不断地敲边鼓来逐步靠近主题，最后水到渠成地揭示主题。很多时候，这种敲边鼓的过程，是互相熟悉、最终获得信任并打开心扉的重要环节。

❁ 讲究沟通技巧，使对方说出不愿说的话

人们在很多时候是不愿意说出自己内心话语的，例如在一个人非常伤心的时候，他们通常会选择寻求安慰，这时对于他人的提问，回应大多是消极的。一个人在非常抑郁的时候，也很难去和别人分享自己内心的想法，通常人们会选择通过一些渠道发泄心中的愤懑。另外，一个人处在一种很烦躁的状态时也会选择沉默，对于自己内心的秘密只字不提。显然，在人们非常情绪化的时候想去试图了解他们的内心是非常有难度的，外加人们内心的一些秘密本身就是不愿向外人透露的，所以要想让一个人说出其不愿说出的话，需要作出比较详细的计划，想方设法使对方说出不愿说出的话。

曾有一个儿童被人拐走，后经警方努力将这个儿童找回，由于这涉及一个从事人口贩卖的犯罪集团，因此电视台的记者决定对这名儿童进行采访以对这个事件进行跟踪报道。然而摆在记者面前的困难是对这名儿童的采访问题，孩子由于受到了惊吓，至今仍不愿与人过多交流。电视台的记者为了顺利采访这名儿童，特地把采访地点定在了孩子的家中，这可以让孩子感到安全，同时还给这个孩子带上了一个可爱的毛绒玩具。在刚刚接触时，孩子还是像以前一样躲闪害怕，后来记者将毛绒玩具递给孩子，并非常轻声地和孩子进行交流，逐渐地，孩子不再躲闪。记者通过耐心的接触，逐渐获得了孩子的信任，于是记者循序渐进，耐心询问，孩子便很自然地将内心的话

语娓娓道来，最终记者的采访获得了成功。

这个例子中被询问的对象是孩子，也许他心理上还不够成熟，但是道理都是相同的，那就是当对一个由于情感因素影响而不愿开口说话的人进行询问或者采访时，需要做出一些准备工作，这些工作是由外而内的，并且需要很大的耐心。就像对那个孩子的引导一样，刚开始用一个毛绒玩具来作为沟通的辅助工具，平时与成人的沟通也可以借用一些辅助的手段来达到接近对方的目的。另外就是在接触中一定要注意心理上给予抚慰，这会让那些因外界因素干扰而内心比较混乱的人们将紊乱的情绪平静下来。这些从细节入手的沟通手段都可以起到引导人们将内心不愿说出的话道出的作用，为打开一个人的心扉做铺垫。

另外，沟通的环境和技巧也是一个非常重要的因素。让一个人道出自己的心里话是需要一定的环境和技巧的。不同的环境给人们的心理感受是不同的，例如，光线较强的地方让人们感觉被暴露在众目睽睽之下，所以会感觉非常不自然，这样的情况对于打开一个人的心扉是非常不利的。而灯光较暗的地方往往会使人们的心情放松，此时人们说话就不会有很多的警戒心理了。在技巧方面，先和对方聊一些对方感兴趣的话题，让他的话语从少到多，这样的过程会让其逐渐放松下来。例如，你面对一名医生，而你对于医学完全是门外汉，但是你可以从近来的感冒症状谈到生冷食品，谈到药品，谈到补品等，只要你能想起来的和医学沾边的东西都可以拿出来与其讨论或者向其讨教。当一个人滔滔不绝时，他的警惕性往往是比较低的，这时可逐步深入，慢慢引导其讲出本不愿讲出的话。

深入的沟通与信任是分不开的，所以要想方设法使对方信任自己。不管是与孩子、还是大人，要想别人对你说心里话，就需要通过接触建立一种信任，如果对方信任你了，认为你值得依赖，才会说出心里话。建立信任的方式主要有非常诚恳地与对方交谈，并且注意认真倾听，尤其是在对方非常投入地讲一些事情时，不要随意打断，要不时地点头或者用“嗯”之类的声音给予回应。另外，就是要从对方的角度看问题，这样能够产生一种共鸣，使对方感觉你是“自己人”，从而逐渐消除内心由于陌生产生的隔膜。

要想让一个人说出自己内心不愿说出的话，要注意几个原则，那就是环境、讲话技巧、建立信任。当一个人将这些方面都做得十分到位时，人们通常会感到自己内心不愿说出的话或者事情有了新的归宿，从而不吐不快，寻求一种释放和压力的缓解，此时便能顺利打开对方的心扉。

❀ 难开口的事可搭幽默的“顺风车”

每个人都有自己的隐私，都会在内心藏有秘密，在涉及这些问题时，很多人感到比较难以启齿，因为这些问题通常会引起对方的高度警惕，而且这些问题比较敏感，不容易回答。所以在提问时通常要考虑一种比较适宜的方式，比如可以借用幽默的方式，搭幽默的“顺风车”，这样既达到了提问的目的，又回避了一些敏感的问题，效果比较好。

2010 年在南非举办的足球世界杯赛中，法国国家队的表现可谓有些糟糕，他们先是传出了内部不和的消息，然后又传出了罢训和罢赛的消息，这让法国队主帅多梅内克非常头疼。然而，一波还未平息，一波又来侵袭。外界传言说法国队内有“叛徒”，法国足球名宿齐达内选择在法国队内讧之后出席新闻发布会，他的出现立刻引来了记者的纷纷提问。当日，约翰内斯堡桑顿会议中心云集了全球三百多名记者，里外三层将参加商业活动的齐达内围住，提问更是一个比一个尖锐。其中，西班牙电视四台一名女记者直接将矛头指向齐达内本人：“外界传言法国队内部有‘叛徒’，你知道这个人是谁吗?”“我不知道。你知道吗?”一直坐在座位上的齐达内，突然愤怒地站起来反问道。如果不是众多记者在场，真难以想象恼火的齐达内会不会重演 2006 年世界杯撞倒马特拉齐的一幕。

这个女记者的提问比较尖锐，也许是急着抢这条吸引人眼球的新闻，她没有注意提问的方式，而是不吐不快，因而她没有获得令人满意的答案。另外，这名记者所说的“传言”明显有意暗示齐达内导演了这次内讧，这也是令齐达内恼火的主要原因。如果这名记者的提问婉转一些,或者用一些幽默的方式提出,效果会好得多。例如,可以问"最近法国队似乎麻烦颇多,请问你是否有意充当'救火队员'的角色,对于外界传言的态度是怎么样的?"这样的提问也许会得到齐达内比较模糊的回答,但是相信齐达内不会如此愤怒,这样一来往往会给记者一种深入提问的机会,从而发掘更多的新闻。

在荷兰的一个家庭里发生过这样一件事:小J住院做了一个手术,因为是全身麻醉,医生顺便也把他过长的包皮割了。结果,术后别的部位愈合良好,但是包皮手术却让他痛苦不堪,坐立不安,叉着腿一瘸一拐地走路,一碰便嗷嗷乱叫。更要命的是他经常不肯穿裤子,于是J的姐姐就劝他说:"J,我告诉你,那个地方割过就是这样的,会很敏感。可是我要是你,我现在一定开始锻炼穿裤子,慢慢就会习惯的。不然过几天你要上学去了,那时突然穿上裤子,那才会难受呢。"J说:"你一定被割过吧,不然你怎么知道得这么清楚啊?"姐姐大笑:"没错没错,我被割过,割得太多了,要不我怎么没有了呢?"

可以看出,小J的姐姐是一个非常幽默的女孩子,她巧妙地和弟弟进行对答,并很成功地说服了弟弟。在中国人看来,这些问题是非常难以启齿的,直接说的话可能会让人感到不自在,太婉转了又不明白,于是用幽默来帮忙是最好不过的了。

生活中很多事情都是碍于一些问题而不能直接说出,这时人们最好不要过于直接,也不要因为不容易说出而放弃。要善于运用幽默这种屡试不爽的讲话技巧。例如和对方说一件无关主题的事,然后掺入一些幽默,使对方感到轻松,接着逐步向主题接近,在接近的过程中不要忘记用幽默护航。或者直接用幽默将难以启齿的话题转化成一般的话题,从而使双方都能从容应对。幽默的方式有很多种,而且它最大的优势就是能够化腐朽为神奇,能够营造良好的谈话氛围,尤其是可以化解那些由于难以启齿的问题造成的尴尬或者紧张。幽默营造了一个良好的外部环境,让人们心理上感到轻松,从而由外而内地影响人们。幽默还能使人们的思维发生跳跃性的变化,这种变化使人们对问题的认识呈现多角度、发散性,就不会出现面对难以启齿的问题而无可作为的情况,而是通过一些巧妙的语言逐步打开对方的心扉。

第十章

气氛轻松一些，消除对方紧张情绪

攻心要通过沟通进行，那么沟通需要在一种轻松的氛围下进行，只有这样才能使人有一种相对放松的心态，从而消除紧张情绪，这对打开一个人的心门具有很重要的作用。轻松氛围的营造可以从几个方面入手。例如，可以给予肯定的目光，还可以用不经意的赞美。同时，交流时语气要缓和，不要咄咄逼人。

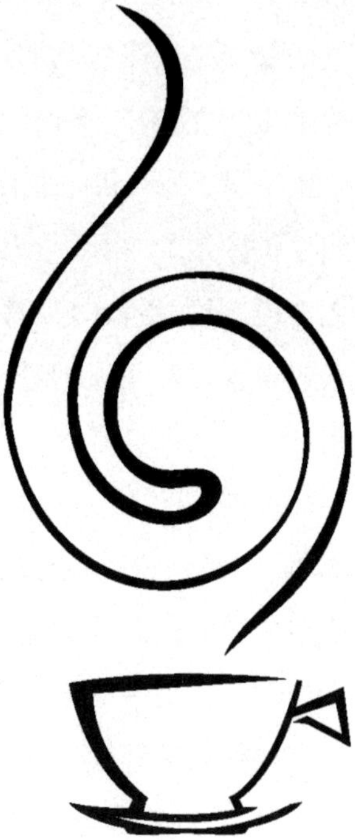

❊ 与人交谈，请平等地坐与立

在与人交谈时，口才、思维很重要，但是谈话的氛围也是不容忽视的，一个良好的氛围能够让交谈双方达到放松的状态，更好地表达出心中所思所想。当然，交谈氛围的好坏由很多因素决定，其中平等地坐与立以及对他人的尊重都是很重要的。

你可能有过这样的体验：父母与孩子说话的时候，如果是蹲下来平视孩子的眼睛，那么孩子就会很听话，很愿意和家长交流；如果父母坐着，孩子站着，就有一种训斥孩子的感觉，孩子虽然表面上不会表现出反抗，心里却很抗拒父母的说教；而如果父母是居高临下、俯视孩子，并对孩子指指点点的说话，那么孩子就会表现出极其烦躁、很想摆脱父母的样子，这时父母和孩子的交流是很难成功的。同样道理，在与人交谈时，如果不能做到与对方平等地坐与立，对于交谈的进行也会产生很不好的影响。

一日，飞飞和龙龙路过一座天桥，看到一个乞丐，两人都给了乞丐钱。当他们要走的时候，乞丐却把飞飞的钱给扔了回来。他们忙问这是为什么，乞丐说，龙龙给钱时是弯下腰把钱轻轻放入钵内的，而飞飞是对着钵子扔进去的。乞丐对飞飞的做法很不满，并说：你以为我们乞丐就没有尊严吗？一句话让飞飞面红耳赤。

人与人的关系就像大山的回音，你对他喊"我尊重你"，他也会"我尊重你"。即便是乞丐都有被人尊重的愿望，何况我们的朋友、同事、客户呢？无论在怎样的情况下，在行为上给人以尊重也是不可忽视的，很多时候许多沟通的困难就是来自于我们从没在意的细节上面。

与别人平等地坐与立，并不是说一定要在别人坐的时候你也坐，别人站的时候你也站，而是要把自己的姿态放到与他人平等的位置上，这样才能让他人对你产生“与自己是一个阵营”的亲近感，交谈起来也才会放得开、谈得来。

有这样一个事例：菲菲是一家大公司的高级雇员。两年前，她还是这家公司的普通员工，与一大群姐妹做着最下层的基础工作。那时，她与众姑娘“平起平坐”，大家情深意切，相互关心，相互爱护，生活可谓其乐融融。

现在，她是高级雇员了，却感到极其空虚，大家都在疏远她，以为她是个怪物，不愿与她亲近。不在大“家庭”中的菲菲被姐妹开除了“友籍”，开始有些姑娘借一些穿着打扮来讽刺菲菲，不久这种讽刺升级为谣言和诋毁。

菲菲失去了立足之地，不得不换到另一家，在那儿，她又开始从基层做起，但她却不知这次自己的命运将会如何，不知是否会旧难重演。

菲菲升职之后被从前的姐妹议论和排挤，最后竟然到了不得不换工作的地步，这是为什么呢？姐妹们的做法虽然很过分，但是也从另一方面反映出了菲菲自身的问题：一个人在与大家处在同等位置的时候很容易得到大家的认同，和周围人打成一片，而一旦自己的地位超出周围的人，并且在言谈举止上面不加注意，以一个高层的身份俯视从前的朋友，那么必然会遭到朋友的不满和非议，最后被排挤也是在所难免的事了。

夫妻间的相处也是如此，只有双方平等，才能够心平气和地进行交流和沟通。

一次，女王维多利亚忙于接见王公，却把她的丈夫阿尔倍托冷落在一边。丈夫很生气，就悄悄回到卧室。不久有人敲门，丈夫问：“谁？”回答：“我是女王。”门没有开，女王又敲门。房内又问：“谁？”女王和气地说：“维多利亚！”可是门依然紧闭。女王气极，想想还是要回去，于是再敲门，并婉和地回答：“你的妻子。”丈夫边笑边打开了房门。

女王和妻子虽然是同一个人，但是当你用不同的身份去面对他人的时候，得到的回应却是截然不同的。如果你是成功的商人，你可以做一个严厉的领导，但是作为一个家长，你应该是慈爱的，如果你不能够把工作中的角色放下，而把它带进生活中，那你的生活很快就会出现危机。上面的故事说出一个道理：无论你是谁，只有你平等待人，别人才会尊重你。

❊给予肯定的目光，积极地深入人心

眼睛是心灵的窗户，一个人的内心所想，心理状态都能通过一双眼睛无声地流露出来。当人们面对面交流时，礼貌的做法是看着对方的眼睛，所以这时不仅有语言的交流，还有眼神的交流，通过眼神能够获知对方内心所想，也可以将自己的情感输送出去，感染对方。初次接触时，总会有一种因为陌生而产生的不信任，会导致一个人变得十分拘谨，这时气氛会变得尴尬，不利于彼此间的交流沟通。所以在看着对方的眼睛时，不妨用一种肯定的目光，传达一种积极善意的信息，表达认可对方的态度。人们在接到并不熟悉的人的积极信息时，通常会选择用同样积极的信息进行回应，那么这时所营造的氛围就会变得轻松。轻松的氛围能使人们将自身的警惕性调低，这样对于打开对方的心扉是很有意义的。

刘强是一所名牌大学的研究生，毕业后在一家电视台的某栏目做编导，也许是教育背景比较好，他为人十分高傲，对于自己的同事总是用一种略带鄙夷的眼神。无论是在平时的交流中还是某些会议中，他对别人的意见总是百般挑剔，然后自己提出一些看法，虽然他的建议的确很有价值，但是人们却不情愿去接受，即使表面上接受了，内心还是具有很强烈的抵触情绪的。结果他的工作总是得不到大家的响应，最后因为节目质量不高，刘强很快被调离了电视台。

刘强的事例无疑是个悲剧，他没能把握住同事这个宝贵的资源，一味地展示自己，最后拖累了自己。肯定的目光是需要在适当的时候用在他人身上的，因为每个人都希望能够获得他人的肯定。尤其是在与人交流的过程中，在适当的地点、时机，用肯定的眼神能够换取对方的积极配合，从而使交流的主动权转到自己手中，寻找时机，进行有效的攻心。

张雪是一名高中教师，她的教学非常受学生欢迎，但是张雪并没有什么特殊的教学方法，和其他老师的授课方式大同小异，所以很多老师都很想知道张雪的教学秘密。后来老师们交流教学经验，张雪很大方地和大家分享了自己的经验。原来张雪在上课时平等地对待每个学生，无论成绩好坏，一视同仁，而且在提问学生时，总是用一种肯定的目光注视着正在回答问题的学生。正是张雪那肯定的眼神，给了学生莫大的鼓舞，使他们相信自己，愿意去积极思考，认真回答老师的提问。

张雪的教学方式是非常值得提倡的，她用眼神来鼓励学生，给学生传达积极的信息，效果很明显。眼神交流，情感往往会沁入心田。教师不仅要青睐优秀生，更要厚待那些特别的“调皮”学生。教师有时对他们关爱不够，批评有余。久而久之，导致这部分学生纪律散漫，对学习产生无所谓的态度，导致学习效果不佳。所以要用肯定的目光去看待每一名学生，让他们认识自己，认可自己，这样才能获得良好的教育效果。

从张强的例子以及老师和学生的关系中不难发现，人们在交流中是非常需要对方的肯定的，这样一来，会传达给对方积极的信息，当对方同样回应积极的信息时，交流的氛围就变得轻松了。在轻松的氛围中，人们会选择将自己内心的话拿出来与他人分享，这时攻心的难度就被降低了。

不要急着去对他人进行否定，尤其是氛围比较紧张或者尴尬的时候，这样做不但不利于紧张气氛的缓解，而且自己也没有精力去思考怎么把事情做好。在情况比较紧张的时候总在思考自己做得很好了，为什么他人怎么总是做不好，必然会使自己陷入一个看不清问题的怪圈。这样做的结果便是自己不能找到问题的症结，对方也不能够领会你的意思，交流变得无效，沟通的渠道被阻塞了，必然不会获得想要的攻心效果。所以要学会欣赏他人，用肯定的目光看待他人，营造一个积极轻松的氛围，使沟通的渠道变得更加顺畅，为有效地攻心铺好道路。

※心无杂念，培养愉悦情绪

在与人交流时，人们并不是随时都可以以一种自在洒脱的姿态出现在他人面前，很多时候由于多方面的原因，内心中有很多想法，有些想法也许与本次的交流无关，所以很纠结，这时再与人们交流时，内心会充满杂念，影响眼前的交流，情绪自然不会高。所以如果想营造一种轻松的氛围就需要清除内心的杂念，端正自己的态度，培养一种令人愉悦的情绪。当自己的情绪被调高时，对方会在无形中被感染，这样两个人的情绪就进入了一个良性循环状态，营造了一种轻松的氛围，为交流提供了一个良好的情感平台。

张旭是一家公司的客户经理，他平时的工作就是接触各种各样的客户，尽力说服他们与本公司进行合作或者购买本公司的产品。平时，他的工作有声有色，与一个客户谈一单生意，成功率一般在百分之七十以上，所以公司领导对他的工作能力都是很认可的，同时也是非常信任他的。一天，张旭遇到了一些令自己不愉快的事情，恰逢当天有一个较为重要的谈判项目，而在当天谈判的时候他又没能很好地调整自己的心态，心里不停地在想那个令人不愉快的事情，心不在焉地与对方进行谈判，时不时将自己的情绪带到了谈判桌上，给交流带来了很多不利因素。在这样的情况下，张旭与客户的交流受到了自己情绪的影响，最终导致谈判失败，前来洽谈的公司也拒绝与其合作。

从张旭的例子中可以看出，情绪会受到内心所想的影响，原本可以很好地进行交流，在心里有与这次交流无关的杂念的影响下，他的情绪就受到了这些杂念的干扰，没有调整到最佳的交流状态，从而使得交流没有在一个轻松的氛围中进行，最终导致了失败。

丁俊晖是我国著名的台球运动员，他的比赛特点是发挥稳定。他超出常人的冷静和沉稳是他能够获得胜利的可贵品质，是他能取得今天的成绩的一个重要原因，尤其当他打出147分后的平静反应更是印证了这一点，他也由此被誉为斯诺克界的“石佛”。

丁俊晖的冷静和淡定，使他能够在适当的时候发挥出自身的水平。任何的竞技运动，在技术实力相差不多的情况下拼到最后拼的都将是心理。心无杂念，是一个竞技选手在比赛当中所追求的最高心理境界。其实不仅是体育运动，在交流的过程中，能够摒弃杂念，培养愉悦的情绪，也往往能够获得良好的沟通效果。

有位哲人曾经说过：“乐观或悲观的生活态度直接决定了一个人的幸福指数。多培养非职业的兴趣爱好，爱自己然后更好地爱他人，对自己的行为负责，时刻保持饱满的热情、良好的战斗力、拼搏和不停止学习的精神，去努力创造自己的事业，让生命变得更有意义更具价值。好好工作、快乐生活。所有的迷茫、感伤，在那刻统统远离。”能够做到心无杂念，确实需要具备很好的素养与境界，但是这绝对是值得人们去努力具备的。

如果当自己在与人交流的时候遇到心里有其他事情甚至会严重影响到这次的交流质量的情况下，可以先试着平稳自己的情绪，来个深呼吸，让自己的注意力集中在当前的交流内容上，尽量不去想那些与当前交流无关的事情，将自己的心态放平和，专注于交流对象，积极调整自己的情绪，尽量使自己显得有激情。只有当自己的状态适合于交流的时候，才能很好地对交流对象产生积极主动的影响，从而在不知不觉中主导交流活动，并使自己的观点更容易让对方接受。

有时候如果在与他人交流之前遇上了一些挫折，影响了自己的情绪，在这种情况下还可以对自己进行积极的心理暗示，比如，告诉自己在前一个事情上没有做好，那么这次的事情就要努力不去失误；过去了就过去了，不能影响以后的生活；有失就有得，挫折已经过去了，后面的事情都会进行得非常顺利等。要积极树立信心，为即将进行的交流活动做铺垫，最大限度地调整自己的状态，这样反而可能会给自己带来动力，使自己的情绪由消极转为积极，促进交流的和谐进行。

❁ 关键时刻，幽上一默舒缓情绪

在人际交往中，尤其是刚刚踏入社会的年轻人，在和陌生人交谈时，有时适当地开个玩笑，说句幽默的话，不仅可以松弛紧张的情绪，活跃气氛，还能够拉近和他人之间的距离，增加和他人之间的感情。

轻松的谈话能使人身心愉悦，每个人都喜欢和有趣的人交谈，语言的幽默不仅可以使人得到精神上的快感，也能制造一种轻松、和谐的交谈氛围，可以说幽默是调节气氛的不二法宝。当气氛过于沉默时，当有人说出令人尴尬的话时，当自己忘记了想要说什么而造成冷场时，用上幽默这个技巧，便可轻易让气氛活跃起来。

作家谌容访美期间，一次应邀到某大学演讲。大学生提出了各种各样的问题，她都给以直率的答复。

当时有人问："听说您至今还不是中共党员，请问您与中国共产党的私人感情如何？"显然，提这样的问题是别有用心的，回答不好会使人处于尴尬的局面。

谌容笑了笑，敏捷地说："你的情报很准确，我确实不是中共党员。但是，我的丈夫是个老共产党员，而我们共同生活了几十年，尚未有离婚的迹象，可见，我同中国共产党的感情有多深。"

巧妙而又得体的回答，赢得了一片热烈的掌声。

谌容的回答很巧妙也很有趣，不仅避免了自己的尴尬，还把演讲的气氛推向了高潮。她的幽默不仅是一种机智，更是一种宽容和与人交流的有效手段，幽默的力量，不止是博人一笑而已，它能够润滑人际关系，增强自身魅力，提高交谈质量。

幽默就像润滑剂一样，可以减少人与人之间的摩擦，淡化人们之间的矛盾和误会，使人们的交往更加顺畅、融洽。

有一位先生到一家餐馆里用餐，正吃着，忽然发现菜汤里面有一只苍蝇。他顿时大怒，生气地叫来服务员，问道："请问，这东西在我的汤里干什么？"服务员弯下腰，仔细看了半天，回答道："先生，它在仰泳！"餐馆里的顾客包括这位先生在内都被逗笑了。

在这种情况下，无论服务员如何解释和道歉，都只会受到尖锐的批评，甚至会使顾客的怒火增加。但是幽默帮助了他，把他从困境中解救出来，不但缓和了气氛，还使问题得到了解决。这就是幽默语言的力量。

很多时候，面对领导或者相熟识的朋友，一些与利益相关的话反而很难开口，生怕因为这种事伤了感情或者弄巧成拙，那么此时，不如借助幽默的语言来表达，这样可能对方很容易就接受了。

一个青年打工者在一家外资企业打工，在较短时间内，连续两次提出合理化建议，使生产成本分别下降30%和20%。大鼻子老板非常高兴，对他说："小伙子，好好干，我不会亏待你的。"

这位青年当然知道这句话可能意义重大，也可能不值一文。他想要点实在的，便轻松一笑，说："我想你会把这句话放到我的薪水袋里。"洋老板会心一笑，爽快应道："会的，一定会的。"不久他就获得了一个大红包和加薪奖励！

在生活中，我们难免遭遇尴尬、争吵，这种情况下，许多人不知道怎么处理。在这时，幽默的语言就会显现出它的威力——这个青年就是用幽默的语言表达出了自己想要奖励和加薪的愿望，既没有破坏当时愉悦的气氛，又清晰的表达了自己的想法，是个一举两得的好办法。在关键时刻，幽默的一句话经常能够让你躲掉不必要的麻烦，得到意想不到的效果。

当然幽默感不是天生就有的，想在关键时刻表现出你的幽默，还需要在平时多多积累幽默的段子，养成幽默的语言风格。

但是，使用幽默一定要把握分寸，区分不同人的身份、地位、文化以及阅历等，这样才能达到幽默的效果。

下面是一些在使用幽默时的禁忌，一定要引起注意。

(1)不要用他人的健康状况来说笑，哪怕是关系很好的人，也要慎重，以免引起误会,产生矛盾。

(2)在说有争议性的话题时,除非你已经了解对方的立场,否则不要拿这些事情开玩笑,容易将关系弄僵。

(3)不要拿别人的隐私来作谈资,那样很不道德,还会伤害他人的自尊。

(4)不要在公众场合说低俗的笑话,否则会引起他人的反感。

多些认可,寻找对方的闪光点

每个人的身上都有闪光点,这种闪光点是其个性或者能力上的一种独具一格又十分出众的特点,这种特点也许明显,也许需要不断地发掘才能发现。无论一个人身上的闪光点是否明显,在人们发现其身上的这种特质并指出这种特质时,拥有这种特质的人会感到自己得到了他人的认可,同时指出这种特质的人也会从一个令人愉快的角度去看问题,这样就会营造一种令人感到轻松舒适的环境氛围。这种效果在对方并没有意识到自己的闪光点时尤其明显,所以在交流时要注意寻找对方身上的闪光点,为交流营造轻松愉快的氛围。

李强 3 岁时父母便离了婚。在他上小学一年级时,爷爷奶奶把他接到家里照料,但毕竟老人年岁大,辅导跟不上,再加上孩子精神压力大,学习一直都不好。李强平时很孤僻,从不参加班里活动,和老师交流时气氛总是非常紧张,不能顺利地进行。当刘丽接手这个班了解了他的情况后,便极力寻找他的闪光点,后来通过他的奶奶了解到这个孩子具有很好的歌唱天赋。于是,刘丽便反复找他谈心,在班级创造一切机会,让他展示自己的特长,这样一来,李强再和刘丽交流时,他们的谈话变得富有弹性。经过一学期的培养,这个不爱言语、孤僻的后进生,一跃成为班级的文娱委员。现在的李强活泼开朗、刻苦学习,还被评为"三好学生"。

可以说,如果刘丽没有用轻松的氛围和李强进行良好沟通,那么就不会进行有效的引导，那么李强很可能会在成长的过程中遇到很多阻碍，甚至形成畸形的人格，这样无论是对他自己还是对社会都是有百害而无一益的。而正是刘丽适时发现了李强的闪光点，把沟通氛围调整到最佳状态，才打开了李强的心门。

俗话说："金无足赤，人无完人"每个人都有自己的缺点，但也都有自己的优点，要善于抓住他人身上的闪光点。当其有了一点进步，做了一次好事，有一次能克服不良习惯等，要及时地给予表扬，以激发他们的上进心，增强其自信心。同时，要根据交流对象的个性特点，选择突破口，当发现其对某些方面有兴趣、爱好、特长时，要通过多种多样的方式创造机会展示其特长，增强其自信心。在交流的过程中，可以试着寻找对方身上的闪光点，尤其是在气氛不是非常适宜交流的时候，对其闪光点不经意的发掘可以很好地调节对方的情绪，从而调节交流的气氛朝着有利于沟通进行的方向发展。

懂得尊重，语气不要咄咄逼人

沟通的根本目的就是要通过双方的平等交流增加相互之间的了解。所以在沟通活动中尊重是最起码的。另外，沟通也是为了能够更好地解决双方之间存在的问题和矛盾，而不是扩大距离增加伤害。所以在沟通过程中，双方都要抱着关切、宽厚的态度，真正地增进理解，而不是自私地指责对方，切不可咄咄逼人。

陈静在商场售鞋柜台买了一双鞋，第二天穿了逛街，发现鞋子周围有的地方开始脱胶、掉漆，便拿去要求换。谁知售鞋小姐百般推诿，并让她拿到街头去修。这时楼层主管来了，开口便用极高的刺耳的声音说："想退鞋，不可能。这种现象不是脱胶，是正常的，除非你花钱找第三方权威机关认证并证明了才退。"陈静万分失望，只有向消费者协会投诉。

这个例子中，售货员咄咄逼人的语气让陈静无法与其进行沟通，无可奈何中她选择了投诉,这样的结果是可悲的。从这个例子中不难看出,咄咄逼人的语气对交流是没有任何好处的。

交流的过程中,语气是十分重要的一个因素。当一个人的语气适当时,往往能够获得良好的交际效果。语气根据人们的心境、情绪的变化而变化,在轻松愉快时会用一种比较舒缓的语气,在紧张焦急时会用一种比较有攻击性的语气,在严肃庄重时用一种沉稳正式的语气等。

伟是美国某公司驻中国办事处的新员工,月薪1万元,职务是新技术研发部副经理。带着对未来的憧憬,伟上任了。几天后,研发部就某个技术问题召开内部讨论会。讨论中,伟积极主动地表达了自己的意见。不料,竟然引起同事们对自己的一场挑战。伟感到一种受排挤的孤独。他非常困惑,是自己的意见错了,还是同事故意排挤和欺负自己?后来通过老同事的指点,才得知是自己的态度有点咄咄逼人了。

新人到新单位都有一个"孤独期",有经验的人通常会做到三点:第一,从尊重同事入手,卑己尊人,寻求帮助。第二,以寻求信任关系为工作起点。第三,用自己的工作激情感染同事,主动而不急于求成,积极而不咄咄逼人。

人们会在一定的场合选用自己想采用或者已经习惯的语气。但是在交流时要注意,语气一定要轻松、愉快,不要生硬,千万不能咄咄逼人。采用轻松、愉快的语气不仅能够很好地体现一个人的修养和品行,而且能够从情感上感染对方,使其内心悦纳和自己的交流对象,为攻心铺好道路。

咄咄逼人实质上就是对对方的不尊重,在不知不觉中把自己放在一个较高的位置上,以俯视的角度与对方交流,其实就是不尊重对方的话语权和地位。当遭遇到咄咄逼人时,人们通常会有三种反应。

首先,当一个人的语气咄咄逼人时,人们通常会觉得这个人带有攻击倾向。在交流过程中,双方都是有话语权的,双方权利和地位平等。而咄咄逼人的语气带有强势的色彩,并且具有侵略性。这样的语气常常会使对方觉得受到了侵犯,可能会激怒对方,甚至使对方以更加偏激的方式回应,以一种更加具有攻击性的方式回击,不占上风誓不罢休。不理智不冷静的交流会进一步增加双方之间的距离,没有任何价值可言。这样交流就不可能达到理想的效果。

其次，在某种语境中，咄咄逼人的语气还给人带来一种质问的感觉。用咄咄逼人的语气与对方沟通，这种质问的性质在无形中使对方处于被审判者的位置。这时，交流对象会呈现一种畏惧的心理状态，会在沟通中呈现一种戒备和抗拒的心理状态，对双方的沟通活动表现出逃避的行为，这也是有悖于沟通的目的的。

再次，咄咄逼人的语气显得生硬，缺乏温度和关怀。这样的态度也就不可能引起对方的共鸣和回应。对方有可能采取一种冷漠的、无所谓的态度来敷衍双方的沟通。从某种程度上说，这也算不得是一种沟通。因为这种冷漠破坏了沟通的双向性。对方可能只是机械地反应，在这个过程中并没有交付自己的内心，还何谈沟通呢？

基于以上论述，我们提倡在沟通中采用一种温和的、平等的、关切的姿态。没有质问，没有指责，也没有逃避和戒备，这样的沟通是人们更愿意看到的。即使是谈论到较为敏感尖锐的问题，也要以平和的态度对待。要在沟通中营造一种宽松平和的氛围，这样才能使双方的交流更加和谐才不违背沟通的初衷。

从轻松话题入手，气氛更融洽

与人交谈时，氛围是很重要的，人与人交流，总是喜欢舒适自在一些，所以大家乐于和朋友、同学聚会、吃饭K歌，却不喜欢开例会、报告会等。很多人都喜欢在酒桌上谈生意，尤其是中国人，无论大事小情，似乎多数都是在酒桌饭局上谈成的，这也证明了一个轻松和谐的谈话氛围，对于人与人之间的交流来说有多么重要。

好的氛围是可以创造的，一个交谈高手在与人交谈时，不但自己会很放松，还能在谈话中不时地加上一些幽默的语言或自嘲的话语来活跃气氛。

当遇上一些尴尬的事情时，要大度一些，不要一本正经，否则会让别人感到压抑。与人谈话的时候，还要注意平等待人，不仰视、不俯视，这样就很容易培养出融洽的人际关系。当然，在交谈时还要能够不断寻找话题，这样才能使交谈氛围更加融洽和谐。

当然，选择比较舒适的环境进行谈话是必要的，而最重要的确是在谈话中怎样能够把握住话题，怎样能够使两个人的交谈轻松愉快。这其中对开头话题又要有所选择，一般要从大家熟知的、轻松的话题入手。

话题，是谈话中必不可少的，没有了话题，谈话也无法长久。在交谈中要学会没话找话，找出一个双方都感兴趣的话题——这就像写文章，一个好的题目，往往就会让人文思泉涌，一挥而就。在交谈时如果有一个好的话题，谈话就容易持续下去，好的话题就是交谈的媒介、交谈深入的基础。好的话题，通常是一方熟悉、双方都感兴趣、能展开探讨的话题。

中国人见面打招呼总是喜欢问："吃饭了吗？"也有这方面的原因，一则吃饭是大家每天都要接触的，很容易就能够谈开来，而且可以延伸到饭的名字、材料、烹饪方法等各个方面，很容易就有各种话题接上。再者，每天吃的东西不一样，也就不会产生话题过时或者不合时宜的担忧。所以说，吃饭、天气、家人健康、玩乐地点等都是很好的可以用作开头的话题。当然，必须注意选择适当的寒暄语，否则可能会出现不好的结果。

甲和乙是好朋友，有一次乙得罪了甲，两人陷入冷战。两天后，乙觉得对不起甲，于是决定向甲道歉。刚好这天，他在路上碰到了甲，乙赶紧上前笑嘻嘻地说："你吃了吗？没吃我请客。"甲一听，没好气地说："你瞧我刚从小吃店走出来，竟然还问我有没有吃饭，这不是白问吗？"乙顿时感到十分难堪。

这样的小故事很可能就发生在日常生活中，所以当你在使用寒暄语时，应该注意它们是否与时间、场合相适应，以免弄巧成拙。只要有了开头，接下来的交谈就会顺利很多，也能快速地让你与陌生人一见如故。

所以说，无论在什么场合交谈，好的话题都应该能使你的谈话顺利进行。只要你站在别人的角度去想问题，关注别人的兴趣点就可以了。千万不要总是谈论那些对方不是很了解的话题，对方如果不感兴趣，就会冷场。在寻找话题时，一定要选择众人关心的事件，把话题对准大家的兴奋中心，这样就能够做到人人有话说，自然也就会不断地引起大家的争论和发言，使得交谈的气氛热烈、持久。

在与陌生人交谈时，不要小看只言片语，也不要觉得和陌生人说话必须严肃，有时一句情真意切或是风趣的话也能够拉近人与人之间的距离。在生活节奏非常快、压力又很大的现代社会里，并不是每个人都愿意敞开心扉畅所欲言的。我们要想成为一个谈话高手，就要积极地鼓励对方说话。在表达自己的观点时，态度一定要诚恳，而且还要谨慎地对待其他人提出的问题，要学会寻找合适的话题打破沉默的局面，让大家将交谈进行下去。

第十一章

做真诚的表率，化解对方敌意

与人交往，并不是时时都能遇到志同道合的人，有时会遇到一些与自己意见相悖的人，甚至由此产生很强敌意的人。在面对这些人时，不要因为没有共同语言而轻易放弃或者愤怒地和对方理论。做真诚的表率，化解对方的敌意才是上策。当发现对方的敌意很强时，可以表现得态度谦恭一些，这样能够缓解对方的紧张情绪，使之敌意减少一些。要有气量，给足对方面子，这样一来，对方早晚会被你的行为打动。不要时时刻刻都表现得非常精明，大智若愚能够给生活带来宽松的环境，能够使人胸怀豁达，人生的道路也会越走越宽广。总之，要求同存异，这对于攻破对方的心理防线、打开对方的心扉是非常有作用的。

❊ 态度谦恭一些，敌意减少一些

讲话的时候，人们的态度往往起着比较关键的作用。当一个人的态度非常强硬，总是以一种强势的态度出现时，人们的反应通常会分为两种。一种是对于这种强硬的态度保持冷静，采取一种回避的态度，使自己处在一种比较弱势，但是非常安全的位置。另一种是用同样强硬的态度来对待，这种情况下，双方往往会发生争执。无论是哪种态度，人们都不会选择与其进行推心置腹的交谈。所以在与人交流时，态度谦恭一些，敌意减少一些，往往能够获得对方心理上的接受，这种不排斥的心理有利于人们去接触一个人，进一步了解其内心。

20 世纪中国作家和文化先驱蔡元培先生曾有过这样一件轶事：一次伦敦举行中国名画展，组委会派人去南京和上海监督选取博物院的名画，蔡先生与林语堂都参与此事。法国汉学家伯希和自认是中国通，在巡行观览时滔滔不绝，不能自已。为了表示自己的内行，伯希和向蔡先生说"这张宋画绢色不错"，"那张徽宗鹅无疑是真品"，以及墨色、印章如何等等。林语堂注意观察蔡先生的表情，他不表示赞同和反对意见，只是客气地低声说："是的，是的。"一脸平淡冷静的样子。后来伯希和若有所悟，闭口不言，面有惧色，大概从蔡元培的表情和举止上他担心自己说错了什么，出了丑自己还不知道呢！林语堂后来在谈到蔡元培先生时还就伯希和一事感叹说："这是中国人的涵养，反映外国人卖弄的一幅绝妙图画。"

蔡元培在面对伯希和的滔滔不绝时，完全可以用一种非常强硬的态度对其进行纠正，但是他没有插入半句话，只是倾听，非常谦虚地说着："是的，是的。"最后伯希和意识到了自己的失态，并自动停止了可笑的卖弄。蔡元培之所以有很强的人格魅力与他的谦虚为人是分不开的。

当一个人用一种敌意对待他人时，往往会引起对方同样的反应，交流的效果一定不会好。而一个人非常谦虚地对待他人时，则会赢得人们的尊重。尤其是像伯希和这样的人在忘我地展现自己时，对方的谦虚态度会使其在某种程度上进行自省，最后回到正常的轨道上来。谦虚不仅是一种良好的交谈方式，而且是一种非常宝贵的品质，这种品质具有较强的感染力，能够赢得对方的认可，增加进一步交谈的可能性。

苏东坡小时候在书房门上贴了一副对联："识遍天下字，读尽人间书。"应该说，苏东坡的雄心壮志无可厚非。但是"天下字"多如牛毛，你能"识遍"吗？"人间书"汗牛充栋，你能"读尽"吗？未免有点儿"狂"啊！这事被一位老者知道了。一天，他拿来一本小书，向苏东坡请教。苏东坡接过小书一看，有许多字并不认识，这本小书也没见过，不禁十分羞愧。老人取回小书，盯着这副对联看了好一会儿，不禁摇摇头走开了。苏东坡看在眼里，觉得自己的这副对联确实狂了一点，很不应该，于是拿起笔来，在开头多添了两个字："发愤识遍天下字，立志读尽人间书。"这一改，没有了原先的"狂"气，表达了自己努力的方向。从此以后，苏东坡变得谦逊起来，孜孜不倦地识字、读书，终于成为一代大诗人、大文豪。

苏东坡的故事告诉人们，不管做什么事情，人的态度都是非常重要的。谦虚的态度是可以使人们不断完善自身。如果一个人总是非常高傲，那么就发现不了自身的缺陷，也就找不到提高自身的突破口。所以要用一种谦虚的态度来与人交往，这不仅能使自身更加完善，而且完善后的自己能够给人们更好的印象、感觉，成为与他人进行更深层次交流的一种保障。

谦虚是指不自满，肯接受批评，并虚心向人请教。谦虚不是表面上接受人们的意见，而内心仍然坚持自己的想法不去改进，也不是不加思考地囫囵吞枣式的接受，而是要真正认识到自己的不足，发现自己的缺点在哪，与别人的差距在何处，最后经过仔细的分析找到改进的方法，促进自己的发展。那些整天恃才傲物、狂妄自大的人，往往并没有什么深厚的功底，因为有真才实学的人往往虚怀若谷，谦虚谨慎。与人交流，不要把自己摆在过高的位置上俯视对方，而应该减少自身的敌意，以一种平和的心态，一种平视的视角与对方进行真诚的沟通，成功的概率往往能够大幅提高。

给足对方面子，获得更多好感

中国人是非常讲究面子问题的，俗话说“打人不打脸，骂人不揭短”。做什么事都要考虑一下他人的感受，如果一意孤行，只按照自己的想法去做，很可能会让人们感到自己被忽视了，或者自尊被伤害了，也就是说感到没有面子。“面子”是丰富的中文词汇里一个古老的概念。爱面子的人会比较在意自己的形象，他们的一举一动都有展示的意味，并且希望能够获得他人肯定的回应。“面子”蕴涵着中华文化社会心理的深层意象，这个词异乎寻常地被中国人所重视。在很多人看来，面子和尊严、人格是画等号的。所以，在与人接触时，给足对方面子，往往可以使人感觉良好，从而获得与其进一步接触的机会。

小李是一名小学教师，在他做班主任的第一年，曾遇到过一名非常调皮的学生。这个学生特别好动，无论上什么课都会在下面做小动作，并且有时还会在课堂上弄出点意外。有一天李老师正在给大家讲课，忽然发现有东西从地板上叮叮当当地滚了出来，低头一看，是两枚硬币。李老师低头拾起硬币，就在他抬头时，便知道了硬币正是这名调皮学生掉出来的，因为同学们正用异样的眼神盯着他，而且他通红的脸颊和半低着的头已经说明了一切。李老师没有询问是哪名同学掉出的硬币，也没有旁敲击侧击地斥责任何学生，只是对在座的学生说：“今天无论是谁掉出的硬币，老师都相信他是无意的，并且老师更加相信，掉硬币的同学在以后的课上也不会再犯类似的错误。”令李老师没想到的是，这名同学在以后的课堂上，经常做的小动作日渐减少，而且直到小学毕业，再也没出现过扰乱课堂秩序的现象。

李老师对于这名调皮的学生没有横加指责，而是非常宽容大度地和同学们讲自己的立场和观点，非常耐心地和同学们沟通。小学五年级的孩子正是爱面子，有较强的自尊心的时期，所以这种行为在人们看来是非常值得提倡的，但是又是非常难得的。然而正是这样的一种大度，让学生感到了自己行为的错误之处，并非常自觉地改正了。试想，如果李老师对于学生的调皮行为进行指责，那么学生无疑当众出丑，外加学生正处于具有比较强的叛逆心理时期，学生很可能会对老师的做法感到不满，从而执意与老师对着干，最后完全达不到老师想要的效果。从这个例子中不难看出给一个人留足面子的重要性，一个五年级的小学生都知道爱面子、要自尊，更何况一个成熟的成年人。所以，适当地给对方一个面子是非常重要的。

小强和小薇是一对感情非常好的夫妻。刚结婚时，每年小强家人来都要来走亲戚，原本干净的小窝被堆得东一个包西一床被，晚上上厕所都得小心翼翼的。小薇嘴上不说，但小强心里明白妻子的不舒服，下了班他就抢着买菜烧饭洗衣服，也不怕亲戚见了笑话。想想老公那么体贴，而且来的都是自家亲戚，所以每次小薇都好吃好喝地招待，再多不习惯都忍了。

夫妻之间的情感是需要双方共同努力维护的，所以当小强非常努力地照顾小薇和这个家时，小薇心里再多的怨言也都烟消云散了。人际交往中，如果想让对方对你给予足够的尊重，那么就要首先尊重对方，给对方足够的面子无疑是对对方尊重最重要的表现。法国著名作家安东安娜·德·圣苏荷伊曾在他的作品中写过："我没有任何权利去做或说任何事来贬低一个人的自尊，重要的不是我觉得他怎么样，而是他觉得他自己该如何。伤害人的自尊是一种罪过，这也包括不给人留面子。"

在与人交往的过程中，需要注意面子问题，如果自己是一个对于别人的面子很不在乎的人，那么在工作或者生活中，做事往往不会考虑他人的感受，所以经常会成为那个不受大家喜欢的人。不能够获得他人的好感，又怎么能接近他人，将话题进行下去。所以要做一个成功的社交人士就要做出一个明智的选择:给别人留面子。在你给别人留面子的同时,也为自己的成功沟通打好了基础。

❊站到同一条船上,一切迎刃而解

与他人交流时,人们经常发现不能找到共同语言,或者觉得对方和自己格格不入,沟通十分艰难。这时人们通常会绞尽脑汁想解决的办法,但是结果通常不会理想,这是因为人们没有转变看问题的角度。当一个人一直站在自己固有的角度看问题时,通常都不会看到问题的另一面,这必然导致其一时转不过弯来,在死胡同里徘徊。这时不妨与你要交流的人站在同一立场上,这时看问题的角度也许会发生 180 度的转变,会让你惊奇地发现问题可以很快迎刃而解。

小张是一家电脑公司的业务员,他在做业务时头脑非常灵活。小张不仅仅是为客户详细地介绍各种型号电脑的不同功能,而且能够用比较巧妙的方式来说服客户。例如,一家公司的代表和小张谈业务时说道:“虽然我们公司很想买升级电脑,但最重要的是费用上的考量。”小张听后,回答道:“我了解贵公司有费用上的考量,所以才会提这样的建议,让贵公司使用升级电脑。升级电脑不仅处理速度快,又可以搭配更多应用软件,让人事费用和其他业务成本可以大大降低,长期来说,贵公司反而可以省下更多经费。”对方发现小张的建议非常有建设性,于是经过一番考虑,很快同意与小张签订合同,购买升级电脑。

在这个案例中,小张所说的话很全面,他不仅介绍了升级电脑的一些优点,而且还给人一种站在对方的立场上为对方考虑问题的感觉。小张的一番话使得升级电脑的优点正好解决了购买方关于费用问题的顾虑,因此很快签订了购买合同。

很多时候,人们的思维就是一瞬间,然而就是这一瞬间决定了人们的行为。人们往往会根据自己的要求去选择，那么思考时就会从自己固有的观念出发，为了自身的利益去思量。所以当你站在对方的立场上去思考问题时，往往会在彼此间产生一种共鸣，从而使对方在内心被感动，最后接受你和你所提出的建议。

林芳是一家公司的部门主管，在公司里她对待下属的方式很值得学习。公司的一名员工想出一套全新的工作方案，他自认为非常有创新，一定能获得主管的赞许，然而林芳却因为方案的风险太高而否决了他的提案。这名员工感到自己的努力白费了，心理上有些失衡，于是他在林芳面前几近咆哮。但是林芳并没有因此而责怪这名员工，而是等他发泄完了之后，很淡定地说："首先，你努力工作的精神我非常赞赏，我也愿意支持你去做，但是你的这个方案存在的风险的确太高了，只要有一点差错，我这个支持者就会失去舞台，甚至要扛下责任，到时候，恐怕没人敢再支持你了。再说，我们在同一条战线上，我们都必须为整个团队的利益着想，要对这个团队负责。"这名员工听了林芳的话后冷静了下来，他意识到了问题所在，不再坚持，回到自己的座位继续工作了。

林芳在处理这个问题时很懂得用心去沟通，她没有因为员工的激动情绪而失去控制。她耐心地倾听着员工的诉说，然后根据实际情况去组织自己的语言，最重要的是她能够与这名员工站在同一条船上，把他们看问题的立场统一起来，从而使自己的观点能够被员工所接受，使问题得到了妥善解决。每个公司或多或少都会有些比较爱提意见、思想上比较激进或者顽固的员工，这些人往往会对上司的一些建议有比较多的异议，从而使公司的工作难以进行下去，这时上司与下属的沟通是绝对必要的。然而不要忘记的一点就是，在双方处于一种比较对立的态势时，不妨换位思考，使双方站在同一条船上，这样做的效果往往会更好。

当两个人意见相左时，不要固执己见，不要怨天尤人。这个时候，可以冷静地思考，运用"投其所好"的策略，先不去否定或反对他的主张，而是先和他站在同一立场倾听他的心声，然后再提出你精心构思的建议，这么一来，对方就比较容易接受你的观点了。

❊ 遭遇误会，亡羊补牢为时不晚

人际交往，是一件非常讲究技巧的活动，人们都在想方设法使自己的行为举止能够被对方所欣赏，从而使对方对自己产生好感，进而能够有进一步的交流，打开对方的心扉。然而很多时候总是事与愿违，一个动作的失误，一句话的错误，都有可能导致交流受到阻碍。尤其是在说错话时，对方可能会被这些不该说的话激怒，这时，不要轻易放弃，想办法进行挽救和弥补才是要做的，亡羊补牢为时不晚。

人们应该对人际交往有一个正确的认识，不能因为重视人际交往而过于拘谨，也不能因为人际交往的随意性而全然不顾，要以一种十分端正的态度去面对，对要交往的人，交往的环境，交往的主要动机，都有一个大概的估计和掌握，根据实际情况去设计和布置策略。要对“亡羊”有一个正确的态度，因为每次交往都是非常顺利没有任何瑕疵是不可能的，所以当自己的言行引起对方的激动情绪或者敌意时，不要认为这是沟通失败的标志，而要把它看成进一步交流的机会，想方设法转危为机，这才是一个成功的社交者应该做的。

要在“亡羊”时，也是就是沟通出现阻碍或者裂痕时，保持镇定，快速思考“补牢”的方式，以使沟通回到正确的轨道上。俗话说“未雨绸缪”，在交往进行前，要对人际交往中可能出现的问题有一个预测，并为自己量身打造一份应急预案，以使状况出现时能够从容应对，及时“补牢”。所以这要求人们在平时多积累，尤其是面对一些突发事件时，要锻炼自己的快速反应能力，在最短的时间内做出最有效的反应。

有 3 种方式可以有效地将被破坏的沟通氛围及时修补好：

1. 装作并不知晓

有时，你的一句话能够引起对方强烈的反应，这很可能是在对方与你还没有建立一定的信任或者对方固有的敌意还没有消除的时候，此时不进行挽救，那么沟通必然会到此为止。但是作出一种姿态，传递给对方善意的信息，效果可能就会发生转变。当你无意中冒犯了对方，可以马上表示自己并不知道这是失礼的行为，让对方知道自己并不知情。俗话说“不知者不怪”，如果对方并不是刁蛮之人，那么会在一定程度上缓和自己的激动情绪或者对你的敌意。如果对方是比较不容易劝服的人，那么就进一步向其表示自己并不知道所做的事情会冒犯对方，用诚恳的态度保证自己下次会注意，给对方吃一颗定心丸。

2. 诚恳道歉

一个人的认错态度是否端正，往往能够决定被原谅几率的大小。当一个人的认错态度十分端正时，他往往会得到被冒犯者的理解和原谅。所以当你无意冒犯了对方时，可以非常诚恳地向其表示自己意识到错误所在，请求对方原谅，并保证不会再出现类似的问题。这种方式不需要任何精心设计或者思考，而是诚心诚意地将自己的真情实感和那份歉意展现给对方。人都是有感情的，所以在这种真情实感的感染下，必然会做出一定的让步，从而使彼此间的交流重新回到之前的轨道上。

3. 巧妙解释

当你说出的一句话或做出的一个动作传达的意思激怒对方时，可以先让对方不要误会自己，然后为自己的言行寻找新的解释。当你的言行本身冒犯对方时，就不要再坚持这种意义，用一些不会冒犯对方的意义去解释你的言行，让对方感觉这真的只是一个误会，没有必要纠缠下去，然后改变自己的态度，换成一种合作的态度。但是这种赋予新意义的方式需要具有较高的准确性，也就是在选择意义时，一定要和言行相近，起码能够说通，如果有明显的生搬硬套的倾向，对方通常不会买账。所以这种方式的使用需要人们有较快的反应能力和一定的生活积累。

人际交往不会总是一帆风顺的，出现各种各样的差错都是极有可能的，所以要摆正自己的心态。当沟通出现问题时，不要慌张，因为慌乱会影响一个人的思考，而要镇定地去想解决的办法，使彼此间的沟通重新建立起来。

谨记人际交往“亡羊补牢为时不晚”。

❊ 大智若愚是智者的人生态度

大智若愚是指才智出众的人在处理很多日常事情上显得很傻，很吃亏，但是在事关他的根本大事上却做得很出色，很成功。

大智若愚的人在生活中总是很低调，从来不在众人面前显示自己，或者夸耀自己，而是给人一种不聪明，很愚钝的感觉。然而，这种人却总是怀着一颗上进的心，俗话说“不要忽视一颗冠军的心”，这种大智若愚的人就是一种有着“冠军心”的人。他们做人的原则往往很明确，那就是注重提高自身的修养和素质，厚积薄发。他们有着宽广的胸怀，很少看见他们为了什么而抱怨，所以他们能够踏实地做事，默默地朝着自己的目标前行。

隋朝的时候，隋炀帝十分残暴，各地农民起义风起云涌，隋朝的许多官员纷纷倒戈，转向农民起义军，因此，隋炀帝的疑心很重，对朝中大臣，尤其是外藩重臣，更是易起疑心。唐国公李渊（即唐太祖）曾多次担任中央和地方官，所到之处，悉心结识当地的英雄豪杰，多方树立恩德，因而声望很高，许多人都来归附他。因此，大家都替他担心，怕他遭到隋炀帝的猜忌。正在这时，隋炀帝下诏让李渊到他的行宫去晋见。李渊因病未能前往，隋炀帝很不高兴，多少有点猜疑。当时，李渊的外甥女王氏是隋炀帝的妃子，隋炀帝向她问起李渊未来朝见的原因，王氏回答说是因为病了，隋炀帝又问道：“会死吗?”王氏把这消息传给了李渊，李渊更加谨慎起来，他知道迟早会被隋炀帝所不容，但过早起事又力量不足，只好隐忍等待。于是，他故意广纳贿赂，败坏自己的名声，整天沉湎于声色犬马之中，而且大肆张扬。隋炀帝听到这些，果然放松了对他的警惕。这样，才有了后来的太原起兵和大唐帝国的建立。

试想，如果李渊一直保持一种非常高调的姿态，不去广受贿赂、自毁名誉，恐怕隋炀帝早就采取行动将李渊投入大牢了。李渊正是采取了一种大智若愚的人生态度，让隋炀帝觉得自己已经毫无斗志、无可救药，从而使隋炀帝放松了警惕，也为自己招兵买卖提供了充足的准备时间，为最后的胜利做了较好的铺垫。俗话说“枪打出头鸟”，通常，人们在面对强势人物时会表现出两种心态，当对方在自己之上时，人们会觉得敬重；当对方和自己处在同一地位时，态度会出现中性或者比较敌视。所以在与人交往时，不要太锋芒毕露，否则易引起对方的反感，不利于进一步的深入沟通。

战国末期秦国大将王翦奉命出征。出发前他向秦王请求赐给良田房屋。秦王说：“将军放心出征，何必担心呢？”王翦说：“做大王的将军，有功最终也得不到封侯，所以趁大王赏赐我临时酒饭之际，我也斗胆请求赐给我田园，作为子孙后代的家业。”秦王大笑，答应了王翦的要求。王翦到了潼关，又派使者回朝请求良田。秦王爽快地应允，手下心腹劝告王翦。王翦支开左右，坦诚相告：“我并非贪婪之人，因秦王多疑，现在他把全国的部队交给我一人指挥，心中必有不安。所以我多求赏赐田产，名为子孙计，实为安秦王之心。这样他就不会疑我造反了。”

王翦的一番良苦用心是为了避免遭到秦王的怀疑，而他所采取的方式正是大智若愚。其实大智若愚在很大程度上是在转移注意力，大智若愚的人会巧妙地将他人的眼光从自己真正的意图上移开，在没有人们注视的情况下，自己的行动就会变得自如，也会收到更好的效果。很多时候，人们在做事时会表现自己愚钝的一面，给人一种非常笨拙的感觉，然而其本质并不是外表所展现的那样。这种人行动慢，思想快，在没有做出决定之前已经想好了不止一套方案，所以他们往往能看得更远，想得更清楚。

大智若愚可以用“低调做人，高调做事”来解释。这是一门高深的学问，这也是一种常人难以达到的境界。低调做人可以避免很多不必要的麻烦，尤其是身边有很多嫉妒心较强的人的时候，这种低调可以减少大量的猜忌和嫉妒，为自己减少麻烦。高调做事则是一种进取精神的体现，如果面对困难退缩，在人潮人海中随波逐流，那么必定会被历史所淘汰。所以大智若愚是一种在低调中修炼自己的人生态度，在人际交往中，可以给交往对象一种良好的感觉，从而有助于进一步沟通的进行。

胸怀越豁达，道路越宽广

一个人的胸怀是否宽广，能否豁达，往往能决定一个人所走道路的宽广程度。在人际交往中，当交往对象有一些言行比较过激，或者引起你的反感时，不要马上反驳对方，因为这样做的结果通常会使谈话中断，双方不欢而散。所以采取一种豁达的态度，拥有一个宽广的胸怀，往往能够更加深刻地打动对方，使对方能够对自己多一份认可，从而减少双方由于陌生或者其他原因产生的隔膜，促进沟通朝着更加积极的方向进行。

相传古代有位老禅师，一日晚上在禅院里散步，突见墙角边有一张椅子，他一看便知有出家人违犯寺规越墙出去溜达了。老禅师也不声张，走到墙边，移开椅子，就地而蹲。少顷，果真有一小和尚翻墙，黑暗中踩着老禅师的背脊跳进了院子。当他双脚着地时，才发觉刚才踏的不是椅子，而是自己的师傅。小和尚顿时惊慌失措，张口结舌。但出乎小和尚的意料是，师傅并没有厉声责备他，只是以平静的语调说："夜深天凉，快去多穿一件衣服。"小和尚备感羞愧，从此之后再也没有出现违反寺规的情况。

如果禅师在发现小和尚违反寺规的情况下对小和尚严加训斥，小和尚当然会去遵从禅师的训导。人们对于这种训斥通常有两种反应，一种是心服口服，另一种则是表面顺从，但其副作用不知哪一天也许就会显现出来。然而禅师的做法似乎天衣无缝，不但用自己的宽容之心点到了小和尚的错误之处，而且使小和尚深受感动，这样的劝服无疑是最有效的。

一位女士不小心摔倒在一家整洁的铺着木地板的蛋糕店里，手中的奶油蛋糕弄脏了商店的地板，她歉意地向老板笑笑。不料老板却说："真对不起，我代表我们的地板向您致歉，它太喜欢吃您的蛋糕了！"女士听后笑了，笑得真诚、灿烂。这名女士当即非常果断地走到货架前，又拿了几个奶油蛋糕，结了账，高兴地离开了商店。

试想，如果这家商店的老板对这名女士大发雷霆，那么这名女士很可能会连本来的这一块蛋糕都不买了，而且还会和这家店结下私怨，不但再也不到这里买东西，而且还会向左邻右舍宣传都不要去这家店买东西，这无疑给店里造成了很大的损失。但是这位老板的宽容豁达让这名女士感到了作为一名顾客所受到的优待，使其不但买下之前的蛋糕，而且还多选了几块，可以想象她回去之后会向更多的人宣传这家店铺，从而招揽更多的顾客。老板不但成功化解尴尬，而且巧妙地增加了销量和店里的人气，可谓一举多得。

每个人都有自己想争取的利益，并且都有权利通过合法手段去争取正当的利益。这没有什么错。但是在争取利益的时候，人们往往会有一种急于求成的心态，尤其是面对有人直接侵犯或者抢夺自己的利益时，很多人会有非常大的情绪波动，表现出为了捍卫利益而与对方进行殊死搏斗的态势。这样的举动也许能够暂时挽回局面，但是通常会出现冒犯他人，或者发生冲突的情况，总之会耗费大量精力，而往往得不偿失。但是当人们换一种方式去看待问题时，所采取的行动就会有所不同，例如如果我们学习用宽容和豁达的态度去看待问题，人们就不会斤斤计较地为了那些本是浮云的利益争得你死我活。其实大多数人的内心是善良的，当你以德报怨或者用一种宽广的胸怀去包容对方时，对方往往会感觉到你的善意，那么同样会做出一定的退让，如此这般，双方和谈的余地就更多了。所谓"退一步，海阔天空"，正是一种"以退为进"的智慧。

豁达与宽容是一种精神状态，是一种精神境界。豁达可以使人抛开烦恼，可以使人从另一个角度去看问题，发现解决问题的新途径。有人说豁达与宽容是使人长寿的秘诀，其实这正是因为当人们用一颗宽容的心去面对世界的时候，不会再和他人过不去，也不会再和自己过不去，内心不压抑，没有怨恨，那么一个人自然会健康。胸怀越豁达，道路越宽广，用一颗豁达的心去和他人交往，即使对方起初有偏见或者敌意，相信大多也会被你这种胸怀所感动而化解。

不要妄自闯入对方的“私人花园”

每个人的内心都有一块属于自己的园地，这块园地是不希望他人进入的，那么这时人们再出于好奇心去询问对方那些不想透露的隐私，擅闯其“私人花园”就显得无礼了。在与人交流时可以保持一定的好奇心，这样可以为自己带来沟通的机会，但是也不要过于强烈，因为这样往往会驱使自己刨根问底，最后连对方不想透露的隐私都不放过，让对方下不来台，自己也会因此尴尬。另外，在交流时，如果对方是自己熟知的人，对于对方的一些隐私比较了解，那么也不要轻易地拿出来讨论，而要为其保守秘密，这也是对对方的一种尊重。所以交流时不要忘记给对方保留一定的个人空间，不要妄自闯入对方的“私人花园”。

一天，刚参加工作不久的钱小姐被派到外地出差。在卧铺车厢内，她碰到了一位来华旅游的美国姑娘。由于对方首先向钱小姐打了一个招呼，钱小姐觉得不与人家寒暄几句实在显得不够友善，便操着一口流利的英语，大大方方地随口与对方聊了起来。在交谈之中，钱小姐有点没话找话地询问对方：“你今年多大岁数呢？”不料人家所答非所问地予以搪塞：“你猜猜看。”钱小姐觉得没趣，转而又问：“到了你这个岁数，你一定结婚了吧？”这一回，那位美国小姐的反应更令钱小姐出乎意料，对方居然转过头去，再也不答理她了。一直到分开，她们两个人再也没有说上一句话。

钱小姐与美国姑娘话不投机，不欢而散，主要是因为钱小姐在交谈中向对方所提出的问题涉及了对方的隐私，在国外这些问题都是不轻易去问的，按照常规，对方是有权力拒绝回答的。这个典型案例告诉人们尊重一个人隐私的重要性。当然中西文化的差异也在其中起到了一定的作用。但是对于美国人来讲，既然年龄、婚姻都是隐私，钱小姐就不应该再继续问下去，钱小姐的失误使得本应和谐愉快的谈话变成了一段不愉快的偶遇。也许钱小姐并不知道这些问题，但这正说明了在当前全球化趋势日益加快的情形下，对于他国文化习俗的了解是非常重要的。当了解了什么问题涉及他人隐私时，就要注意避免触及这些敏感的话题，以避免出现闯入对方“私人花园”的情况出现。

小雪结婚五年了，夫妻感情还不错，但她就是不愿接近婆婆，跟婆婆有一种疏离感，一看见婆婆心里就犯堵，更不愿与婆婆多说一句话。婆婆也感觉出小雪对自己拒以千里，自然心存不满，就常常向儿子诉说对小雪的不满，久而久之，小雪的丈夫自然对她报以怨言，说她不尊敬父母，不孝敬父母等。虽说不是什么大事情，但时间长了，确确实实影响了小雪夫妻间的感情，为此，夫妻二人经常吵架，有一次，夫妻吵架中，小雪一把鼻涕一把泪地说出了自己的不满之处，丈夫这才知道婆媳不合的原因是婆婆不懂尊重小雪的隐私。小雪说，站在婆婆面前，就像自己被剥光了衣服一样，什么隐私也没有，赤裸裸的，这样的感觉让她厌恶透顶。

通过这对婆媳不能和谐相处的例子可以看出，年轻人越来越重视自己的隐私，当然这也是人们理所当然应该去尊重的。小雪的婆婆也许由于是自己的儿媳而对这些问题看得比较淡薄。小雪的婆婆只有尊重小雪的隐私，才能让小雪感到安全，感到被尊重，小雪对婆婆的反感没有了，婆媳问题自然就得到了解决。

每个人都有自己的隐私，这些隐私是不愿意告诉别人或者不愿意公开的秘密。人们的隐私不仅在道德上不提倡被揭露，在法律上也是受到保护的。所以当一个人在试图窥探他人隐私时，不但会受到道义上的谴责，还会受到法律的制裁。在与人进行交流时，给对方留余地，保护对方的隐私是非常重要的一个问题。如果你擅自闯入对方的“私人花园”，那么不是惹怒对方，就是让对方难堪，再加上对方因为陌生而产生的与你心理上的隔阂、敌意，沟通是完全无法进行下去的。因此，好奇心适当，责任心把关，不要妄自闯入他人的“私人花园”，尊重对方，换来对方的信任，才能使沟通更加顺利地进行下去。

第十二章

把话说到点子上，摸透对方心思

在与人交流时，语言的选择是比较重要的。也许一个人可以在交流中滔滔不绝，但是却不能引起对方的兴趣，这主要是因为讲话的人没有把话说到点子上，没有摸透对方的心思。在沟通时不妨根据对方的心思提出问题，如果一时不能把握对方的心理动向，可以故意提出相反的意见，借以观察对方的反应，探知对方的真心。当对方岔开话题时，不妨挖掘一下其中的蹊跷，这对于把握对方的心理是很重要的。不要一条道走到黑，在不能摸清对方的意图时，换个话题，寻找机会。总之，要通过不断的试探，摸透对方的心思，把话说到点子上，这样才能事半功倍。

❊ 看准他人心思提问，让他说“是”

通过交往中的沟通进行攻心，是讲究技巧的。也许有人在沟通中并没有出现无话可说的情况，而是话题一个接一个，滔滔不绝，妙语连珠，但是对方并没有出现什么动静，似乎并没有对讲话人引起足够的重视，这说明讲话者没有把话说到听者的心坎里，当然不会获得理想的沟通效果。要想让对方被自己的话题感染，获得肯定的回答，就要根据对方的心思提出问题，诱导他说出内心的话，给出问题的答案。

战国时期，赵太后刚执政，秦国就出兵急攻赵国，赵太后向齐国求救。齐国要求：“必须要长安君到齐国做人质，齐国才出兵。”太后不愿意。

左师触龙想见太后，太后满脸怒气等着他。进门后做出想疾走的样子，脚步却慢慢前移，到太后面前自我谢罪说：“老臣脚有毛病，不能快走，好久不见面了。更担心太后身体不适，所以想看看太后。”太后说：“老妇依靠车辇行走。”触龙问：“每天饮食还行吗？”回答说：“能喝些粥。”触龙说：“老臣如今特别不想吃，所以自己强行散步，每天三四里。稍微能增加点食欲，身体就能舒服些了。”太后说：“我做不到。”随后脸色缓和了些。

触龙说：“老臣私下以为您爱燕后胜过长安君。”太后说：“你错了，我更爱长安君。”左师公说：“父母爱自己的孩子，应该为他从长计议。老妇人送燕后时，握着她的脚，为她哭泣，惦念悲伤她远嫁。走后，不是不想念，可每到祭祀，总为她祷告：‘不要让她回来。’难道不是为她长远考虑吗？希望她的子孙世世代代相继为燕王吗？”

太后说：“是的。”左师公说：“如今三代以前，以至于赵立国的时候，赵国历代国君的子孙受封为侯的人，后代继承爵位的人，还有存在的吗？”太后说:“没有。”左师公说:“不只是赵国,其他诸侯受封爵位的子孙有在的吗?”太后说:“老妇没听说过。”左师公说:“这就叫近了祸害自身,远了祸害子孙,难道人主的子孙就一定不好吗？并不是。而是因为他们地位高贵而没有功劳,俸禄丰厚而没有贡献,而又挟持礼器宝物太多。如今太后赐长安君尊位,封给他肥沃的土地,赏给他宝物。还不如趁早让他为国家立功,否则你一旦年老驾崩,长安君凭什么在赵国立足呢？老臣以为您为长安君考虑的太短浅,所以给他的爱不如给燕后的多。”太后说:“行,你随便派遣吧。”于是套车一百俩,派长安君到齐国做了人质,齐国立刻出兵帮助赵国。

触龙通过一番劝说,成功地将赵太后说服,齐国出兵救赵,挽救了赵国。触龙在这个看似简单的过程中是花了大量的心思的。首先,他先转移赵太后的注意力。因为触龙深知当时赵太后正在气头上,在此时提出将长安君作为人质,无异于火上浇油,必然会招致赵太后的拒绝和怒骂,所以触龙先说了些和主题无关的事,比如,自己的脚疾和生活中的一些事,然后再从燕后慢慢说起,逐渐向主题靠拢。

触龙说道:“我私下认为您对燕后的爱怜超过了长安君。”此话一出,立即让赵太后觉得不妥并加以反对,这就为触龙委婉地道出其中的缘由做好了铺垫,触龙巧妙地用赵太后送燕后出嫁及祈福的事来说明自己的看法,如此一来,赵太后的防备心理就被慢慢消除了。并最终说服了赵太后。

触龙成功的另一个原因是他晓之以理,动之以情。触龙让赵太后纵观历史,列举历代兴衰的事实,分析逻辑性很强,论据充足,让赵太后无话可说。当触龙掌握了所有的有利情形后,他举出了“要有远虑,否则将有近忧”的观点,将赵太后点醒。赵太后出于对长安君长远打算,决定送其去齐国当人质。触龙成功地说服赵太后,正是因为他了解了赵太后的心思,根据心思提问,达到预想效果。

把握对方心思,要进行观察,心理学上说,心境是人在一定场合表露出的一种具有渲染性的情绪状态,也就是我们平时说的心情。这种心境的存在是受各种因素影响和制约的，所以很容易受到外界环境的变化干扰。所以，在人际交往中，了解对方的心思，巧用一定的语言沟通技巧影响对方，是非常必要的。

❊ 提过分要求借以观察对方反应

在试着揣摩对方心思的时候，可以有多种方法，有的人比较善于观察，那么他就会去根据自己的判断做出相应的举措。但是有的人并不能根据普通的视觉观察来掌握足够的信息，或者有的时候感觉是不一定准确的，这时可以采取试探的方法，比如，提出比较过分的要求，借以观察对方的反应。这种方法重在获知对方的态度和想法，因为这对接下来的交流是很必要的，具有很强的指向性，就像一支战力强劲的军队离不开一名卓越的指挥官一样。

小桃和小军是一对恋人，两个人感情一直很好。两个人虽然都有各自的工作并且非常繁忙，但是从来不会忘记在闲下来时关心一下对方。但是小桃是一个非常没有安全感的女孩，她很多时候不确定小军对自己的情感，于是她想考验一下小军，看一下小军的心思。一次，小桃说晚上要和单位的小亮出去吃饭，可能还要看场电影，因为小亮帮过自己的忙。小亮是小桃一个单位的男青年，人长得帅气，平时和同事的关系都很不错，是很优秀的一个人。小桃答谢小亮请他吃饭是千真万确的，但是去看电影是小桃设计的圈套。小军对小亮是有所耳闻的，他没有反对小桃去和小亮吃饭，但是极力反对小桃和小亮看电影，表现出了很强的醋意。小桃看出了小军的心思，心里感到很满意，于是和小军说出了自己的秘密，小军听后，笑了，两个人的感情比以前更近了。

小桃和同事出去吃饭，也许是出于感谢，这种正常的交往并不应该因为其中一方有男、女朋友而受到限制。但是看电影就不同了，如果小桃真的和小亮去看电影就真的过分了。所以小桃选择了一个比较过分的要求，想看看小军是什么样的反应。如果小军一副无所谓的样子，小桃一定会伤心，而小军的反对恰恰说明了他的在意，这也就给小桃吃了一颗定心丸。

提过分的要求看对方反应是一种不错的试探方式，这种方式在交流中可以不用道出自己的真实意图，而是根据谈话的具体内容来提，当对方的反应过于激烈或者十分平淡时都可以作为自己采取下一步行动的参照。根据具体的情况作出相应的措施，把话或者事情做得恰到好处，成功感染对方，实现攻心的目标。

志君是一家电视台的记者，一次，他接到了一个任务去采访一支球队的教练。这名教练曾经带领自己的球队取得了不错的战绩，但是近来球队在联赛中的成绩一再下滑，队员们也都显得非常急躁，作为球队灵魂的主教练有着绝对的发言权。但是在采访中，志君遭遇了尴尬，那就是这名主教练显然不喜欢接受这次采访，对于志君提出的问题总是回避或者干脆拒绝回答，这让人们根本无法获知这名主教练的真实想法。志君在为难之际对这名主教练说："我回去写一篇报道，让球队董事会和球迷们都知道你已经身在曹营心在汉了，怎么样?"主教练闻听此言，显得怒不可遏，并大声呵斥："你这个记者怎么这么没有职业道德，球队陷入了困境，我在思考怎么将球队从边缘拯救回来，你怎么能做如此缺德的事情呢?"志君听后便打定了主意继续采访，于是他和这名主教练说明了自己的来意是帮助球队，而不是做不利于球队的报道，主教练听后才同意了志君的采访。

在这次采访中，球队的主教练不清楚志君的来意，担心志君的报道会给球队带来更多的麻烦，于是选择了回避或者沉默。那么这样一来，志君就不能把握主教练的心态，不知道采访是否应该继续进行，该从何下手，于是志君提出了一个自己做负面报道的过分要求，这种要求激怒了主教练，但是也摸清了主教练的态度，从而使志君坚定信心继续采访。

在遇到不明确的态度时，不要盲目地去臆想，这样采取的行动往往会出现"负效果"，要试着去观察，如果自己对于观察出的内容没有多大的把握，那么就采取行动去试探，找一个过分的要求提给对方，看看他的反应，根据反应的具体情况斟酌自己要采取的下一步行动，做一个有心的人，一个会根据对方的想法、心思攻心的人。

对方岔开话题其中必有蹊跷

在交流中，我们经常会遇到这样一种情况：一个话题正在进行中，双方交谈得比较顺畅，但是其中的一方在不知不觉中岔开了话题，对正在讨论的问题闭口不谈。这种情况时有发生，它发生的原因可能有很多种，例如，岔开话题者觉得正在讨论的问题过于敏感了，或者自己对正在讨论的问题不感兴趣，甚至很反感，再或者是由于自己对正在讨论的问题不够了解，担心自己丢面子，所以转移话题等。这些原因仅仅是一小部分，但是岔开话题这个微小的动作，是有大文章可以做的。从一个人所岔开的话题往往可以探寻其内心的想法和态度，从而掌握其心理动向，根据对方的心思选择相应的对策，对症下药。

青青是一个6岁的小姑娘，非常活泼机灵。一天，她低着头用手抠自己的脚指头，发现起了一些皮，嚷着要剪。妈妈拿着指甲剪剪完后，她自己也要拿，后来不知道为什么突然在奶奶的额头上敲了起来，听到奶奶的“呼叫声”妈妈从厨房里出来，瞪着双眼厉声道：“宝宝不能这样做，敲得奶奶会痛的，来，给妈妈拿起来，赶快给奶奶揉揉。”在妈妈的眼皮子底下，青青还算听话，等妈妈刚要转身去厨房给宝贝煮面，青青立即又用自己的头故意去碰奶奶的头，一下一下地轻轻撞击着，听到奶奶的“呼叫声”的妈妈出来准备要开口说话时，青青看到窗外一个老年人去超市，说：“老爷爷去超市买东西。”然后叽里咕噜地说开了。奶奶说：“这个孩子，多机灵，知道妈妈要骂了，就故意绕开话题讲别的去。”

从青青的一举一动中不难看出她是一个可爱的宝贝。在自己淘气之后，知道妈妈会骂自己，于是她在做了淘气的事情后故意去说点别的，让妈妈把注意力放到别的地方，从而忽略和忘记了对自己的责骂。从中不难看出青青人小鬼大，十分讨人喜欢。从这个事情中可以看出，当一个人岔开话题时，是有着某些心理动向的，躲避一些问题，绕开一些矛盾，就是这种动向中的其中一种。所以，当一些人在交谈中岔开话题时，很可能是因为他在躲避着什么。

老张的女儿高考第一天，他站在休息点的外面，向考场望去。他是送女儿来考试的，一会儿去上班，等考试结束了再来接她回去。他和其他的家长在交流时都表示考试第一天的压力最大，他们担心的并不是孩子能不能考好，而是担心孩子能否承受得住。第一天考试结束后，老张立马接女儿回家，他不想女儿与其他同学交流过多，影响第二天的心情。回家后，女儿却主动提到高考内容，说数学有点难。老张听后只说了一句，过去的就过去了，便立即用一些轻松的话题岔开谈话。但他从女儿的口气中听出，该是正常发挥了，也就放心了。

老张的做法是非常体贴的，他在那个时候岔开话题是一个明智的选择。这个动作用意也是非常明确的，那就是女儿高考压力大，不想让女儿承受过重的压力影响考试的发挥。所以在很多时候，岔开话题是因为为对方考虑，怕对方因为话题的影响力过大，产生一些不良的后果。所以如果你在遭遇一个自己不能承受的话题时，对方在知道这个事实的情况下很巧妙地把话题岔开了，那么对方是一个很能体谅人，懂得为他人着想的人。

总之，要掌握对方的态度和心思，有很多方法，那么当对方岔开话题时，不妨仔细想一想其缘由，因为这中间隐藏着其最为微妙，但是也最为真实的心理动向。两个人之前在谈的内容，和对方岔开话题后选择的内容都是值得仔细研究的对象。之前谈的内容之所以被岔开，是因为什么，之后选择的话题又与之前的话题有没有必然的联系，如果有是为什么，如果没有，又说明了什么，都是可以进行推敲和斟酌的。从对方岔开的话题中寻找和把握其内心世界，能够给自己找到一个话语风向标，把话说到点子上，说到对方的心坎里，从而达到攻心的预想效果。

故意提出相反意见观察对方反应

要想攻心，就得先懂得对方的心，捕捉一个人的心灵不是件容易的事，但并不是没有办法去做，或者行不通的事。当对提出的一个意见或者建议，对方的态度不明朗、不容易把握时，不妨从相反的角度出发去试探，比如可以故意提出相反的意见以观察对方的反应。

林跃在一家房地产公司上班，小梅则是旁边一家快餐店的员工，两个人都是二十四岁，精力充沛，工作努力。一次偶然的机会林跃到小梅在的快餐店中吃午饭，林跃对小梅一见钟情，小梅也对真诚的林跃有比较好的印象，于是两个人开始恋爱。两个人的工作都是比较普通的，但是林跃的工资相对要高很多，没过多久林跃就用自己的工资买了一辆家用车。小梅看林跃的条件在迅速地改善，外加最近林跃的工作比较忙，经常很少与自己联系，她的内心起了疑惑，她一直在想自己在林跃心中的地位是不是会被动摇呢？随着时间的推移，这种想法越加强烈，于是小梅想试试林跃。一次林跃和自己谈结婚的事，小梅突然说："我不想结婚了。"林跃以为自己听错了，当小梅再次说出这句话时，林跃变得非常失落、沮丧，并问小梅为什么，说自己是那么爱小梅，一直在为了她努力，如今结婚的条件都具备了，却得到了这样的回答。林跃说到伤心处，眼里充满了晶莹的泪花。小梅看了也很后悔自己这样，赶忙解释自己不是不想和林跃结婚，最后林跃才勉强恢复了平静，小梅心疼之余心里还是非常幸福的，她感到了林跃对自己的在乎，对自己的爱。

小梅和林跃是一对感情很好的恋人，从相识到相知再到相爱，他们一起面对了很对困难，可以说能走到结婚是令人感到喜悦和高兴的。那么当林跃和小梅商量结婚的事情时，小梅心里当然是满心欢喜的，但是她一直想知道林跃是不是真的在乎自己，于是她提出了相反的意见，说自己不想结婚了。林跃的反应直接验证了他还爱小梅，并且非常在乎小梅，这才使小梅放心了下来。

在不确定性因素太多，而无法探知对方的态度时，不妨提出一个相反的意见，借以观察对方的反应，具体问题具体分析，从而了解对方的真实想法。

张强是一家公司的经理，他的管理能力很强，经常能够猜到员工们内心的想法，大家都很佩服。一次，公司一名表现非常好的员工受到了另一家公司的高薪邀请，这时，公司里出现了人心浮动，这名员工的去留问题很重要，关系到人事安排，然而这名员工没有明确表态，于是张强开始和这名员工接触。张强本身还是比较看好这名员工的，内心是想留住人才，于是他先是和他说了公司在今后的发展，然后问了他本人的意见。但是这名员工总是回避问题，根本无法把握他的心思，这时，张强对这名员工说如果你保持现在的态度，那么公司只能解雇你。员工听后显得有点紧张，于是对公司的解雇提出了自己的看法，张强从中听出了他想留下来的意思，所以和其说明了自己的用意，并鼓励他继续努力工作。

张强的试探有点类似于激将法，他本身是想留下这名员工的，但是不知道员工的态度是什么，于是他背离自己的意思赌一把，提出了公司决定解雇这名员工的意见。如果这名员工没有解释什么，或者很淡然地处理，那么很显然去意比较明显，是不能再挽留的。然而，这名员工向张强表明了自己要留下来的想法，这样一来，张强了解了员工的真实想法，便可以进行下一步的有效沟通了。

在态度和想法不明显时，不要慌忙地主观臆断，也不要漫不经心地猜测，要尝试着试探，通过故意说一些相反意见的话语，观察对方的反应，从而收集相关信息，最后把握对方的心思，把话说到点子上。

❊摸不清对方意图时，巧换话题

在交流的过程中可以根据交流的话题来摸清对方的意图，因为交流中可以透露出个人的看法和意见，但是有的人说话喜欢引用别人的观点，或者善于隐藏自己，这使得人们无法掌握其真正的想法。这时再围绕着这个问题进行讨论就没有意义了，那么当这条路走不通时，放弃是不可取的，换个话题，换一条路是可以尝试的。

曾经有一名官员在接受媒体采访时，针对记者的提问“打太极”。当记者问到某政策的实施情况和该官员的态度时，他先说了这个政策的制定是由谁牵头的，实施是由谁指导和执行的，评估是哪个部门进行的。然后说了领导对于政策的意见，政策落实工作组的看法，以及群众的呼声，总之，一直没有表明自己的看法。记者在这样的情况下是不能把握这名官员对于政策的真实态度的，也许这名官员引用的他人意见与自己的想法相符，不过也有可能其想法和引用的他人意见根本就是大相径庭。于是记者不再针对政策提问，而是转为问其上级领导的一些意见，通过交流，记者了解到这名官员与上级之间的想法是有出入的。再问到工作组的一些情况时，记者也敏锐地觉察到这名官员的一些不满。最后记者根据这名官员的心理趋向，通过逐步深入的提问打开了这名官员的心扉，顺利地完成了采访任务。

记者在采访之初遭遇了官员“和稀泥”的尴尬，得不到想要的答案，那么采访就不能顺利地进行。官员的回答方式是可以理解的，因为每个人都有一定的防范心理，况且他要对相关的部门负责，所以难免会出现将问题回答得滴水不漏的情况。但是这样一来，记者的任务就不能完成，于是记者看这个话题进行不下去时，马上转换了话题，通过其他角度来发掘其内心的真实想法。通过转换话题，话题的敏感程度有所改变，那么官员的心理防范程度也随之发生了转变。在降低其心理防范程度的同时，跟进问题的挖掘，旁敲侧击，逐步向主题靠拢，从而获得其隐藏的内心感受。

在现实生活中，想了解他人内心的真实感受都不是容易的事，这需要一定的耐心和智慧。当一条路走到尽头还不能摸清对方的意图时，不妨换个话题，换条路，如果一条路走到黑，撞到的只能是南墙。这种方式的可行之处就在于它能够转移注意力，能够改变人们心理防范意识的强弱程度。当一个人的心理防范意识极强的时候，是什么都问不出来的，而当这种防范意识减弱的时候，则会为人们摸清其真实意图提供便利。所以不妨在遇到阻碍时曲径通幽，最后直捣黄龙。

小言和小静是公司里的两名职员，两个人的工作业绩都是非常突出的，于是两个人的竞争就在所难免了。竞争的升级使得两个人的人际关系受到了一定的影响，两个人经常相互看不顺眼，有时甚至恶言相向。为了避免冲突升级，小言在接到另一家公司的邀请时开始有离开公司的想法，但是她的内心还是想留下来的。后来公司经理发现了小言的心不在焉，于是找她谈话，开始小言就是说别的公司要高薪聘请，自己想走，但是后来经理晓之以理，动之以情，说了很多之前公司很看重小言的事，小言也被打动了，这才说出了自己其实不想离职，由于和小静不和才心生离念。经理根据实际情况做出了一定的人事调动，将两个人分开，同时又都做原来的工作，没有了利益冲突，不仅缓和了两个人的矛盾，而且使公司的发展蒸蒸日上。

可以说公司中的人才竞争是难免的，关键就在于怎么处理这个问题。经理的办法还是很灵光的，他没有直接同意小言的请辞，而是通过旁敲侧击了解到了小言的真实感受，并针对小言这种想法展开了一些攻心的计策，最后成功地留住了小言，并且很好地解决了她和小静的矛盾。

在很多时候，单凭一个话题是不能成功探寻一个人真实意图的，所以这时不妨从别的道路走，也许会很绕弯，但是欲速则不达，用耐心和智慧，开辟新的道路，细心观察，才能成功摸清对方的真实意图。

❊ 利用"第三方评论"达到攻心效果

与人谈话很多时候不能畅所欲言，因为不知道哪句话就会引起对方的不悦，导致一些沟通中的阻碍。为了避免出现这种情况，所以在摸清对方的真实意图之前不要轻易表达自己的想法，可以采用"第三方评论"，也就是说用别人的话来试探，通过探寻对方的真心话来把握对方心里所想，然后再根据对方的心思说话，把话说到对方的心里，达到攻心的效果。

老陈是一家国有企业的退休职工，他退休后没有在家闲着，而是选择了为社区服务的志愿者工作。老陈每天都跟小区里转，主要工作是及时发现小区里的不安全因素，通知有关部门及时地解决问题。虽然这个工作找的都是一些退休的老年人，但是有时工作量并不小，甚至有点重，于是居委会主任想看看这些人对于自己目前的工作是否满意。主任找到了老陈，向其询问对这个工作的感受，并询问其是不是愿意继续做下去。老陈的态度比较模糊，表达的意思也是模棱两可，主任一时没了办法，于是主任对老陈说很多人觉得这个工作累，还没有什么报酬，做着不值得。老陈听了主任说的话后，当即表示这个说法不是很客观，但是又有一定的合理之处。老陈说为社区服务是自己心甘情愿的，但是就是有些工作，自己的年岁大了，不能够很好地处理，希望能够得到年轻人的帮助，或者增添些人手。主任这才摸清了老陈的心思，于是和老陈商量解决问题的对策。

老陈在和主任对话的时候态度比较模糊，也许是因为虽然的确存在着一些难处，但由于自己是热爱社区服务工作的，所以不好提出什么意见，有口难言。于是主任通过他人对这个工作的评论，使老陈发表了自己的看法，摸清了老陈的心思，做好了相应的工作。

生活中，沟通是需要方法的，老陈的例子充分说明了，当一个人不方便说出内心的感受时，完全可以用他人的评论来诱导，因为第三方一出现，双方就可以针对第三方说事，而不必去想给彼此带来的影响。因此这个方法能很好地打开对方的心扉，把握对方的思想脉搏。其实很多时候人们在不方便表达自己的想法时可以选择借用别人的话语和评论。因为第三方总是会和自己保持一定的距离的，这也就避免了谈话双方有比较直接的冒犯与被冒犯的关系了，从而更容易坦诚地相互沟通了。

在2010年的南非世界杯中，马拉多纳带领的阿根廷队在小组赛的战绩可圈可点，但是之后他们的战绩就糟糕了，这也是他们饱受批评的一个原因。马拉多纳在接受记者采访时故作镇定，记者不能摸清他在战败后的真实心情，也就不能做出比较到位的报道。于是其中一名记者对马拉多纳说："现在外界对阿根廷队糟糕的战绩感到非常失望，很多足球名宿把责任推给了你，请问你觉得这样做合适吗?"性格直爽的马拉多纳听后立刻做出了强烈的反应，他将自己做的战术安排及其原因向记者娓娓道来，并和记者说这样的战绩也不是自己想要看到的。记者通过马拉多纳的陈述了解到马拉多纳也对自己带领的阿根廷队的战绩不满意，并感到失望。

马拉多纳曾经是一名做事非常果断坚决的球员，外加他的球技精湛，在赛场上有过很多让人过目不忘的经典瞬间，也使他成为了一名伟大的球员，做教练后的他仍然是个非常有个性的人。在失利后的新闻发布会上，他故意隐藏自己的情感，那么记者为了获得理想的采访效果，故意拿外界的一些声音来刺激马拉多纳，最后成功使其敞开心扉。

在交流中，如果对方是你熟悉的对象，那么可以通过自己所熟知的内容对其进行引导，但是当对方是自己不够熟悉的人不能够用自己的想法去感染对方时，可以选用第三方的评论，从而观察其反应。当对方故作镇定时，那么就选用刺激性比较大的，这样效果比较明显。当对方的态度比较模糊时，就选用一种比较明确的也能引起其足够重视的观点，看其持什么样的态度。通过不断的试探，逐步掌握其内心动向，为自己的攻心做好铺垫。

❊ 封闭式提问能更快达到目的

我们经常看到电视剧中，辩方律师会对证人这样说："请回答是或者不是。"这句话说明什么呢？说明律师给证人设定了一个回答的范围，证人只能围绕律师提出的问题点来回答，这样很容易就让律师得到自己想要的信息，甚至很多时候律师会忽略掉前因后果，造成一种答案上的假象，使对方处于不利位置。这就是封闭式提问。

"封闭式提问"是指问题答案有唯一性，范围较小，有限制。提问时，给对方一个框架，让对方在可选的几个答案中进行选择。这样的提问能够让回答者按照指定的思路去回答问题，而不至于跑题。封闭式提问这种方法大多是用在需要从某一点突破，深入了解某个情况的时候，封闭式提问的技巧在于要不断细化问题的内涵。

两个同在闹市的牛肉面店，生意都很好，但马路南面的店比马路北的店每天都要多卖出几百元钱，这是为什么呢？

原来，当客人走进路北店的时候，服务员会这样问："加不加鸡蛋？"一般客人会说加或者不加，如果加，那么服务员就会给顾客加 1 个鸡蛋。每进来一个顾客，服务员都是如此问："加不加鸡蛋？"有说加的，也有说不要的，大概各占一半。

而顾客进入路南的店：

服务员却是这样问："请问，加一个鸡蛋，还是加两个鸡蛋？"顾客一般会说"加一个或者加两个"。再进来一个顾客，服务员继续微笑着问："请问，要加一个鸡蛋还是两个鸡蛋？"爱吃鸡蛋的都要求加两个，不爱吃的也就加一个，除了不喜欢吃鸡蛋的人，极少会有人不加蛋，至少也会加一个。

所以，路南店每天要比路北的店每天多卖出很多鸡蛋，不要小看这一句问话的作用，可是为老板多赚了很多钱呢。

其实，路南的服务员采用的就是封闭式提问法，她只给顾客两种选择，加一个或者加两个，顾客一般不会刻意去思考是不是必须加鸡蛋。所以顾客大多数就选择少的数量，也就是加一个鸡蛋。我们的提问方式不同，传达给别人的信息就不一样，路南服务员的提问方式或者也会让顾客认为，这个店的牛肉面是必须要加一个鸡蛋的，所以顾客即使并没有很想吃鸡蛋，也不好拒绝加一个鸡蛋的要求。这就是封闭式提问的妙处。

现实生活中，掌握了封闭式提问的方式，也能够帮助我们更容易地达成目的或者形成一致的意见。比如，当你想确切地知道对方喜不喜欢你的时候，你可以问："你说我是好人还是坏人呢?"那么对方就会给你其中一个答案；而如果你只问："你觉得我怎么样?"对方可能会说出一大堆原因或者借口来逃避或者婉转否定。

一般运用封闭式提问，能够使自己占据主动位置，使结果能够在自己的掌控范围内。当你请朋友或者领导吃饭的时候，如果你只是泛泛地问："你想吃什么?"那么答案就很难控制，或许对方会说："我要吃法国大餐。"那么你就真的要大出血了。而如果你问："你想吃火锅还是烤肉?"那么对方就会给你一个明确的答案，至少对方也会根据火锅和烤肉的水准进行调剂，肯定不会选个过于昂贵的地方。在人际交往中，这样的提问方式我们很容易掌握，也很容易运用，用好了会给我们带来很多便利和益处。

当然，尽管封闭式提问能够让你很明确地得到自己想要的答案，却很容易使谈话气氛搞僵，造成回答了问题之后就没有话说的尴尬情况。所以与人聊天的时候不能单纯地使用封闭式提问的方式，否则，对方很有可能会产生自己在被审问的感觉。

无论是一种语言艺术或者一种说话形式，都应该融合在基本的沟通基础上，单纯的使用某种说话技巧，未必能够达到想要的结果。封闭式提问也是一样，它可以使我们尽快得到自己想要的答案，对我们的人际交往会有很大的帮助作用，然而如果使用不慎，用在不该用的问题上，就会使两人之间瞬时生疏起来，起到反作用。所以说，任何说话技巧都需要看准场合，看清情况再使用，封闭式的提问方式也是如此，希望它能带给你的只有乐趣和便捷，没有尴尬和烦恼。

参考文献

[1]龙春华.行为心理学：瞬间读懂他人小动作背后隐藏的秘密[M].北京:中国华侨出版社,2012.

[2]王邈.行为心理学：肢体语言解读与心理分析[M].北京:化学工业出版社,2015.

[3]陈璐.微行为心理学[M].北京:中国商业出版社,2015.